DeepSeek AI 全面应用

智能问答 + 办公提效 + 文案创作 + 视频生成

郭珍珍 ◎ 编著

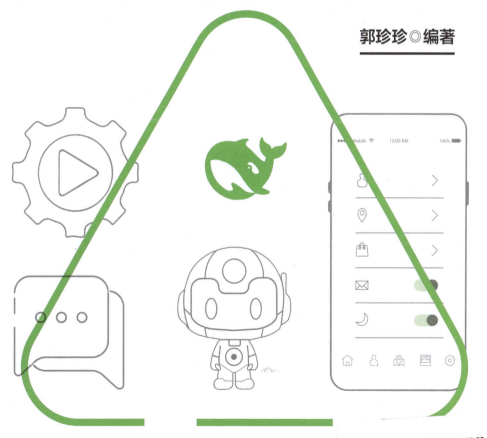

清华大学出版社
北京

内 容 简 介

本书以 DeepSeek 为核心，直击现代职场与创作的核心痛点：烦琐流程、灵感枯竭、效率瓶颈。通过 130＋实操案例、140＋教学视频、150＋AI 提示词和 160＋素材效果，手把手教你将 DeepSeek 变成你的"外脑"，让复杂任务自动化，让创意灵感源源不断。

本书亮点，精准解决你的困境：

效率救赎：从"搬砖"到"智控"，一键智能排版、自动摘要、任务拆解、进度预警，让"996"式加班成为过去式。数据分析从"拍脑袋"进化为用户画像、趋势预测与 ROI 建模，精准决策不再靠运气。

创意觉醒：让灵感枯竭成为伪命题，标题爆破、情绪板生成、跨学科嫁接，DeepSeek AI 教你用理科思维写爆文，用热点联想点燃创意。文生图、图生视频、虚拟数字人，零基础也能生成专业级视觉内容，人人都能成为创意导演。

实战武器库：即学即用的效率武装，150＋AI 提示词模板，从优化提问到生成爆款视频，覆盖文案、设计、数据分析等场景，让 AI 成为你的专属创意助手。

本书适合对 AI 技术感兴趣、希望提升工作效率与生活品质的读者阅读。无论是 AI 初学者、办公人士、学生群体，还是创业者、企业管理者、自媒体创作者，都能从本书获得宝贵的 AI 应用技巧与实战经验。此外，本书还可以作为相关教材使用。

本书封面贴有清华大学出版社防伪标签，无标签者不得销售。
版权所有，侵权必究。举报：010-62782989，beiqinquan@tup.tsinghua.edu.cn。

图书在版编目(CIP)数据

DeepSeek AI全面应用：智能问答+办公提效+文案创作+视频生成 / 郭珍珍编著. -- 北京：清华大学出版社，2025.6. -- ISBN 978-7-302-69275-1

Ⅰ. TP18

中国国家版本馆CIP数据核字第2025UD3612号

责任编辑：韩宜波
封面设计：杨玉兰
责任校对：李玉萍
责任印制：沈　露

出版发行：清华大学出版社
网　　址：https://www.tup.com.cn，https://www.wqxuetang.com
地　　址：北京清华大学学研大厦A座　　　邮　编：100084
社 总 机：010-83470000　　　　　　　　 邮　购：010-62786544
投稿与读者服务：010-62776969，c-service@tup.tsinghua.edu.cn
质 量 反 馈：010-62772015，zhiliang@tup.tsinghua.edu.cn

印 装 者：涿州汇美亿浓印刷有限公司
经　　销：全国新华书店
开　　本：190mm×260mm　　印　张：12.5　　字　数：304千字
版　　次：2025年6月第1版　　　印　次：2025年6月第1次印刷
定　　价：69.80元

产品编号：112276-01

一、写作驱动

在人工智能浪潮席卷而来的今天，DeepSeek 凭借其卓越的性能和独特的优势迅速崛起，成为无数用户提升效率、激发创造力的得力助手，帮助用户在智能时代实现效率飞跃。DeepSeek 不是冷冰冰的工具，而是你的智能伙伴——一个能为你分担压力、激发灵感、提升效率的"外脑"。

痛点直击：DeepSeek 如何改变你的工作方式？

你是否还在为以下问题烦恼？

① 信息过载：每天面对海量资讯，却难以提炼出关键信息？

② 文档烦琐：重复性文档工作耗时耗力？

③ 语言障碍：跨语言沟通效率低下？

④ 数据分析慢：处理数据耗时长，难以快速洞察趋势？

⑤ 创意瓶颈：灵感枯竭、标题平淡、内容平庸、难以突破创作困境？

⑥ 会议低效：会议记录冗长，核心结论难以提炼？

⑦ 碎片化知识：零散信息难以整理，知识管理混乱？

DeepSeek 通过以下方式，能够精准解决以上问题。

① 智能问答：一键解锁知识，实时联网搜索，快速提炼文档核心内容。

② 办公提效：自动化文档处理、任务拆解、数据分析，让烦琐工作变得高效。

③ 文案创作：从灵感激发到高转化文案，DeepSeek 成为你的创意引擎。

④ 视觉生成：AI 生成高质量图片和视频，零基础也能成为创意导演。

二、本书亮点

为什么你不能错过这本书？

本书以"极简操作、极速提效"为核心理念，系统梳理了 8 章核心内容，从智能问答到办公提效，从文案创作到视频生成，深度融合 AI 技术与真实场景需求，为你提供一套"学即能用、用即见效"的解决方案，无论你是职场新人，还是希望突破瓶颈的资深从业者，本书都是你的实战指南。

本书的 5 大核心亮点如下。

亮点 1：直击痛点，效率加倍

面对重复性工作、低效流程和灵感枯竭的困境，本书提供了一套系统化的解决方案。从智能问答到任务拆解，从数据分析到自动化复盘，DeepSeek 让烦琐的工作变得简单，让低效的流程焕发新生。

亮点 2：从工具到思维，重塑创造力

DeepSeek 不只是工具，更是你的灵感引擎。本书深入剖析如何利用 DeepSeek 激发创意，从头脑风暴到热点追踪，从情感共鸣到数据驱动，帮助你在内容创作中脱颖而出，打造真正有影响力的爆款文案。

亮点 3：跨平台协作，打破边界

无论是 DeepSeek 手机版、网页版还是跨平台协作（如与可灵 AI 生成图片、与即梦 AI 生成视频等），无须切换工具，即可实现"输入需求→生成成果→优化落地"的完整链路。

亮点 4：实战驱动，即学即用

全书包含 130 ＋真实案例，每一章都配有课后实训，手把手教你将所学知识转化为实践应用。从优化提问技巧到生成爆款视频，从智能排版到精准用户画像，每个案例均附分步操作截图与避坑指南，确保你"看完就能用，用了就见效"。

亮点 5：资源配套，学习零门槛

① 免费资源包：附赠 150 ＋提示词模板、160 ＋案例素材效果、160 多页 PPT 教学课件、280 多分钟高清教学视频，扫码即可获取。

② 交互式学习：通过"深度思考模式""联网搜索模式"等功能，读者可实时验证书中技巧，动态优化学习路径。

三、教学资源

本书提供的配套教学资源及数量如下表所示。

教学资源及数量

序号	教学资源	数量
1	AI 工具链接	3 个
2	素材	20 多个
3	效果	140 多个
4	提示词	150 多个
5	PPT 教学课件	160 多页
6	教学视频	280 多分钟

四、资源获取

本书提供了大量技能实例的素材文件、效果文件、视频文件、提示词以及 PPT 教学课件，同时还赠送 DeepSeek 热门技巧总结，即梦、可灵、海螺 AI 短视频制作教程，DeepSeek+即梦、DeepSeek+剪映一键生成教学视频，Sora 部署视频生成实战，扫一扫下面的二维码，推送到自己的邮箱后下载获取。

配套资源及视频 1

视频 2

五、特别提示

本书所有案例均基于 DeepSeek 最新版本实测编写，部分功能需联网使用。其他涉及的各大软件和工具也是基于最新版本编写的，例如可灵 AI、即梦 AI 等。其中，DeepSeek 手机版为 1.1.6（66）、可灵 AI 手机版为 Version 2.2.40.139、即梦 AI 为 1.4.6。

虽然本书在编写的过程中是根据界面截取的实际操作图片，但图书从编辑到出版需要一段时间，在此期间，这些工具的功能和界面可能会有所变动。因此，在阅读时，请根据书中的思路，举一反三地进行学习。

提醒：即使是相同的指令（提示词），软件每次生成的回复也会有所差别，这是软件基于算法与算力得出的新结果，是正常的。因此，大家看到书里的回复与视频中的有所区别，包括大家用同样的指令自己进行实操时，得到的回复也会有差异。所以，在扫码观看教程时，读者应把更多的精力放在操作技巧的学习上。

六、本书作者

本书由郭珍珍编著，参与搜集资料和编写的人员还有刘华敏等，在此表示感谢。由于编写人员知识水平有限，书中难免存在疏漏之处，恳请广大读者批评指正。

编　者

目 录 CONTENTS

第 1 章　智能问答，一键解锁知识宝藏

1.1　轻松上手：掌握 DeepSeek 核心功能 ……………………………… 2
- 1.1.1　注册登录：开始探索 DeepSeek……… 2
- 1.1.2　开启对话：解锁 DeepSeek 的交流方式 ……………………… 5
- 1.1.3　深度思考：激发 DeepSeek 的推理潜能 ……………………… 6
- 1.1.4　联网搜索：实时检索最新资讯 …… 7
- 1.1.5　文档解析：秒变结构化笔记 ……… 8
- 1.1.6　图文转换：智能识别文字信息 …… 9

1.2　从问题到答案：DeepSeek 的智能问答逻辑 …………………………… 11
- 1.2.1　直接提问：明确目标锁定核心答案… 11
- 1.2.2　精准提问：10 秒获取高价值回复… 12
- 1.2.3　自然对话：像聊天一样获取答案 … 13
- 1.2.4　模板引导：运用示例丰富问答维度 … 14
- 1.2.5　问题导向：生成有针对性的回应 … 15
- 1.2.6　细节描述：构建完整的信息链 …… 16
- 1.2.7　规范表达：提升回答的准确性 …… 16
- 1.2.8　逻辑链条：碎片化思考变系统化 … 17
- 1.2.9　积极引导：激发 DeepSeek 正面回应 ……………………… 18
- 1.2.10　分步提问：拆解难题逐个突破 … 19

1.3　个性化问答：满足你的独特需求 …… 20
- 1.3.1　设定角色：定制符合场景的回答 … 20
- 1.3.2　关键字提炼：提高答案的匹配度 … 21
- 1.3.3　指令操控：让 AI 执行更精准 …… 22
- 1.3.4　预设模板：规范输出格式和结构 … 23
- 1.3.5　整合提问：获取更完整的答案 …… 24
- 1.3.6　创新提问：获取更具创造性的回复 … 26

1.4　本章小结 ……………………………… 26
1.5　课后实训 ……………………………… 27

第 2 章　深度提问，挖掘 DeepSeek 的潜力

2.1　优化提问：提升交互效果 …………… 29
- 2.1.1　加入限定：进一步细化主题描述 … 29
- 2.1.2　模仿风格：高效生成特定回复 …… 30
- 2.1.3　指定受众：回答更加契合需求 …… 31
- 2.1.4　种子词汇：有效提升答案质量 …… 32
- 2.1.5　抓住要点：高效沟通直击核心 …… 33
- 2.1.6　固定提示：直接套用进行问答 …… 34
- 2.1.7　多元解答：激发创意拓展思维 …… 35
- 2.1.8　多个选项：让 AI 做选择题 ……… 37

2.2　智能推理：让答案更有条理 ………… 38
- 2.2.1　因果推理：穿透现象直达本质 …… 38
- 2.2.2　预判未来：反事实推演洞察趋势 … 39
- 2.2.3　悖论破解：解决矛盾型复杂问题 … 40
- 2.2.4　多角度论证：提升答案的可信度 … 42
- 2.2.5　多路径模拟：不同情境测试最优解 … 43
- 2.2.6　证据链构建：培养侦探式推理逻辑 … 44

2.3 跨领域融合：打破知识边界 ············ 45
    2.3.1 跨领域查询：整合不同学科的知识 ··· 45
    2.3.2 类比迁移：用旧知识解决新问题 ······ 46
    2.3.3 多角度拆解：获得更完整的视野 ······ 47
    2.3.4 知识图谱：构建专业的认知框架 ······ 48
    2.3.5 术语翻译：跨行业无障碍沟通 ········ 49
2.4 本章小结 ···································· 50
2.5 课后实训 ···································· 50

第 3 章 办公提效，打造高效执行力

3.1 文档处理：从烦琐到高效 ················ 53
    3.1.1 智能排版：告别格式调整烦恼 ········ 53
    3.1.2 文档摘要：快速提炼关键信息 ········ 54
    3.1.3 生成目录：自动索引大纲标题 ········ 56
    3.1.4 智能改写：优化内容表达质量 ········ 57
    3.1.5 多语言翻译：跨国协作零障碍 ········ 59
3.2 管理升级：告别低效的"996" ········ 60
    3.2.1 待办提取：会议纪要转任务清单 ······ 61
    3.2.2 总结提炼：30 分钟会议压缩成
          5 分钟 ·································· 62
    3.2.3 任务分配：确保落实项目决策 ········ 63
    3.2.4 任务拆解：精准规划执行步骤 ········ 64
    3.2.5 进度分析：风险预警提前应对 ········ 66
    3.2.6 资源分配：提高团队协作效率 ········ 67
    3.2.7 日报周报：轻松汇报工作内容 ········ 69
3.3 数据分析：DeepSeek 助力
        精准决策 ·································· 70
    3.3.1 搜索数据：把握市场动态趋势 ········ 70
    3.3.2 直观呈现：设计数据可视化方案 ······ 71
    3.3.3 用户画像：需求洞察精准到人 ········ 73
    3.3.4 用户行为：深入分析并优化策略 ······ 74
    3.3.5 预测未来：解读与洞察数据趋势 ······ 75

    3.3.6 优化运营：分析平台数据调整策略 ··· 76
3.4 本章小结 ···································· 78
3.5 课后实训 ···································· 78

第 4 章 流程优化，减少重复性的工作

4.1 审批加速：告别低效签批流程 ·········· 81
    4.1.1 表单生成：结构化填表零误差 ········ 81
    4.1.2 流程预警：卡点环节提前优化 ········ 82
    4.1.3 纪要生成：自动提炼审批重点 ········ 83
4.2 高效复用：终结机械劳动流程 ·········· 84
    4.2.1 重点提取：制度核心快速抓取 ········ 85
    4.2.2 FAQ 更新：常见问题自动优化 ······· 86
    4.2.3 语义检索：秒级定位历史经验 ········ 87
    4.2.4 条款比对：差异内容自动提取 ········ 89
    4.2.5 模板填充：数据智能匹配字段 ········ 90
4.3 团队协作：提升沟通与执行效率 ······· 91
    4.3.1 话术推荐：沟通模板即时调用 ········ 92
    4.3.2 进度看板：全局可视化追踪 ··········· 93
    4.3.3 风险预测：提前规避执行漏洞 ········ 94
    4.3.4 自动复盘：经验沉淀标准化 ··········· 95
    4.3.5 权限管理：敏感信息智能脱敏 ········ 97
4.4 本章小结 ···································· 98
4.5 课后实训 ···································· 98

第 5 章 文案创作，让灵感不再枯竭

5.1 创意激发：DeepSeek 的
        灵感引擎 ······························· 101
    5.1.1 头脑风暴：30 秒产出 100 ＋
          关键词 ································ 101
    5.1.2 反向提问：从答案倒推优质内容 ···· 102

5.1.3 热点联想：旧话题碰撞新角度……… 103
5.1.4 情绪板生成：视觉化激发创作灵感……… 104
5.1.5 跨学科嫁接：用理科思维写文科文案……… 106

5.2 文案优化：从初稿到完美文案……… 107
5.2.1 标题爆破：3秒抓住读者注意力……… 107
5.2.2 情感曲线：引导用户从共鸣到行动……… 108
5.2.3 逻辑强化：让复杂观点通俗易懂……… 109
5.2.4 精简表达：废话识别＋智能删减……… 110
5.2.5 多版本测试：AI驱动最优方案筛选……… 111

5.3 质量提升：打造专业可靠文案……… 113
5.3.1 语法检查：提升文档的专业性……… 113
5.3.2 检查案例：确保内容真实可靠……… 114
5.3.3 删减重复：避免文案内容单调……… 116
5.3.4 情感表达：增强读者共鸣……… 117
5.3.5 调整观点：明确文案立场……… 118
5.3.6 切换视角：多角度表达更全面……… 120
5.3.7 精简文案：突出关键信息……… 121
5.3.8 更换案例：提高文案可信度……… 122
5.3.9 修改标题：吸引更多眼球……… 123

5.4 本章小结……… 124

5.5 课后实训……… 124

第6章 高转化文案，打造爆款内容

6.1 情感共鸣：文案策略打动人心……… 127
6.1.1 痛点扫描：精准定位群体焦虑……… 127
6.1.2 故事原型：经典叙事模板调用……… 128
6.1.3 情绪峰值：制造传播记忆点……… 129
6.1.4 价值观锚定：绑定受众身份认同……… 130
6.1.5 反差营造：颠覆认知引发讨论……… 131
6.1.6 说服策略：从拒绝到认同的转化链……… 132
6.1.7 号召话术：激发用户即刻行动……… 133

6.2 热点追踪：紧跟潮流吸引流量……… 134
6.2.1 趋势预测：提前48小时捕捉风口……… 134
6.2.2 热点嫁接：旧内容蹭新流量……… 136
6.2.3 争议点挖掘：安全参与敏感话题……… 138
6.2.4 长效内容：热点退潮后持续引流……… 139
6.2.5 跨平台适配：同一内容多形态分发……… 140

6.3 数据驱动：让文案更有说服力……… 142
6.3.1 A/B测试流：用数据淘汰低效文案……… 142
6.3.2 传播路径分析：找到内容裂变节点……… 143
6.3.3 ROI预测模型：预判内容商业价值……… 144

6.4 本章小结……… 146

6.5 课后实训……… 146

第7章 图片生成，轻松打造视觉佳作

7.1 DeepSeek：以文生图核心技术……… 148
7.1.1 生成原理：掌握生图核心技术……… 148
7.1.2 文字输入：激活模型生成图片……… 149

7.2 画面描述：让图片更具精致感……… 151
7.2.1 构图提示词：调整画面布局……… 152
7.2.2 相机提示词：生成专业拍摄效果……… 152
7.2.3 细节提示词：呈现视觉吸引力……… 154
7.2.4 风格提示词：赋予图片艺术性……… 154
7.2.5 出图提示词：让视觉体验更佳……… 156

7.3 其他工具：AI生成高质量图片……… 157
7.3.1 可灵AI：解锁创意生图……… 157

7.3.2 即梦 AI：一键灵感生图 …………… 161

7.4 本章小结 ………………………………… 165

7.5 课后实训 ………………………………… 165

第 8 章 视频生成，人人都是创意导演

8.1 文字到画面：AI 视频提示词 ………… 168

8.1.1 主体提示词：精准定位核心元素 …… 168

8.1.2 场景提示词：构建沉浸式背景 ……… 169

8.1.3 视角提示词：优化视觉效果 ………… 170

8.1.4 景别提示词：突出关键细节 ………… 171

8.1.5 光线提示词：营造氛围感 …………… 173

8.1.6 风格提示词：满足艺术愿景 ………… 174

8.2 可灵 AI：零基础生成视频 …………… 175

8.2.1 文生视频：一键生成人像视频 …… 175

8.2.2 图生视频：快速制作动态内容 …… 177

8.2.3 创意特效：提升视觉冲击力 ………… 179

8.2.4 AI 对口型：精准匹配语音动画 …… 181

8.3 即梦 AI：一站式快速成片 …………… 183

8.3.1 文生视频：将小动物拟人化 ………… 183

8.3.2 图生视频：让静图"动"起来 ……… 185

8.3.3 AI 数字人：生成虚拟人物视频 …… 186

8.3.4 借用灵感：生成同款创意视频 …… 188

8.4 本章小结 ………………………………… 189

8.5 课后实训 ………………………………… 190

第1章

智能问答，一键解锁知识宝藏

章前知识导读 ▶▶▶▶▶▶▶

在信息爆炸的时代，如何高效获取精准知识是每个人都关心的问题。DeepSeek 作为一款智能问答助手，凭借其强大的推理能力、实时联网检索以及高效的文档解析功能，能够帮助用户快速找到所需信息。本章将深入探讨 DeepSeek 的核心功能、智能问答逻辑及个性化问答方法，助力读者更好地利用 AI 提升工作与学习效率。

效果图片欣赏 ▶▶▶▶▶▶▶

1.1 轻松上手：掌握 DeepSeek 核心功能

DeepSeek 具备一系列强大且易用的功能，使用户能够快速上手并高效利用其智能问答能力。本节将介绍如何注册登录、熟悉界面布局、选择适合的交互方式，以及深度思考、联网搜索、文档解析和图文转换等核心功能。这些功能的结合，使 DeepSeek 不仅能回答简单的问题，还能进行深度分析，助力用户获取更精准的信息。

1.1.1 注册登录：开始探索 DeepSeek

使用 DeepSeek 的第一步是注册并登录账户，以便解锁完整的功能。用户可以选择使用手机号和验证码、邮箱或第三方账号（如 Google、微信等）进行快捷登录。下面为读者介绍 DeepSeek 手机版和网页版从下载安装到注册登录的操作方法。

❶ DeepSeek 手机版

DeepSeek 手机版的界面设计简洁明了，用户友好性高。无论是 iOS（苹果）还是 Android（安卓）系统，用户都可以在应用商店轻松下载并安装，安装完成后即可通过账号进行登录。下面介绍下载和安装 DeepSeek 手机版并登录账号的操作方法。

扫码看教学

STEP 01 在手机的应用商店中，❶搜索 DeepSeek，找到 DeepSeek App 的安装包；❷点击"安装"按钮，如图 1-1 所示。

STEP 02 安装完成后，点击软件右侧的"打开"按钮，如图 1-2 所示。

STEP 03 进入 DeepSeek 手机版，在弹出的"欢迎使用 DeepSeek"界面中，点击"同意"按钮，如图 1-3 所示。

图 1-1　点击"安装"按钮　　图 1-2　点击"打开"按钮　　图 1-3　点击"同意"按钮

STEP 04 进入登录界面，❶选中相应复选框；❷输入手机号和验证码；❸点击"登录"按钮，如图 1-4 所示，即可用手机号和验证码进行登录。

STEP 05 用户还可以通过微信进行登录，完成登录后，进入"欢迎使用 DeepSeek"界面，点击"开启对话"按钮，即可进入"新对话"界面，如图 1-5 所示。

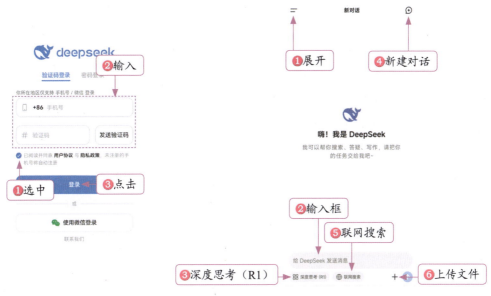

图 1-4　点击"登录"按钮　　　　　图 1-5　"新对话"界面

下面对 DeepSeek 手机版"新对话"界面的主要部分进行讲解。

❶ 展开按钮≡：点击该按钮，即可展开最近的对话记录和用户信息。

❷ 输入框：用户可以在这里输入提示词或问题，以获得 DeepSeek 的回复。

❸ "深度思考（R1）"按钮：点击该按钮，将打开"深度思考"模式。当用户向 DeepSeek 提问时，可以观察 AI 如何逐步分析并解答问题，有助于增加答案的透明度和可信度。

❹ 新建对话按钮⊕：点击该按钮，会新建一个对话窗口，用户可以与 AI 讨论新的话题，或者让 AI 重新对上一个话题进行回复。

❺ "联网搜索"按钮：点击该按钮，即可打开"联网搜索"模式，DeepSeek 能够搜索实时信息，快速整合并给出详尽的回答，同时提供信息来源，确保对话的丰富性和准确性。

❻ 上传文件按钮＋：点击该按钮，会弹出相应面板。用户可以点击"拍照识文字""图片识文字"或"文件"按钮上传文件或图片，要求 DeepSeek 识别其中的文字信息。

❷ DeepSeek 网页版

DeepSeek 网页版的页面简洁明了。无论是初次使用的用户，还是经验丰富的用户，都能迅速上手并找到所需功能。下面介绍注册登录 DeepSeek 网页版的操作方法。

STEP 01 在电脑中打开相应浏览器，输入 DeepSeek 的官方网址，打开官方网站，单击"开始对话"按钮，如图 1-6 所示。

扫码看教学

图 1-6 单击"开始对话"按钮

STEP 02 进入登录界面,在"验证码登录"选项卡中,❶选中相应复选框;❷输入手机号和验证码;❸单击"登录"按钮,如图 1-7 所示。稍等片刻,用户即可使用手机号进行登录,如果是未注册的手机号,系统将自动完成注册。用户还可以通过单击"使用微信扫码登录"按钮的方式进行登录。

STEP 03 用户也可以在"密码登录"选项卡中,❶输入手机号/邮箱地址和密码等信息;❷选中相应复选框;❸单击"登录"按钮,如图 1-8 所示,即可通过手机号/邮箱地址登录 DeepSeek。

图 1-7 单击"登录"按钮(1)　　　图 1-8 单击"登录"按钮(2)

DeepSeek 专注于先进大语言模型(Large Language Model,LLM)及相关技术的研发,通过精准的数据分析和智能推理,能够为用户提供更为个性化和高效的服务,其页面中的主要功能如图 1-9 所示。

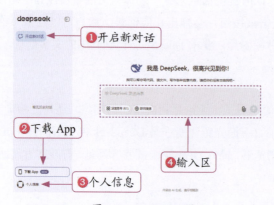

图 1-9 DeepSeek 页面

下面对 DeepSeek 页面中的各主要功能进行讲解。

❶ 开启新对话：单击该按钮，将为用户开启一个全新的、独立的对话窗口。

❷ 下载 App：单击该按钮，即可弹出一个二维码，使用手机扫描该二维码，即可下载 DeepSeek 手机版。

❸ 个人信息：单击该按钮，即可弹出相应面板，其中包括"系统设置""删除所有对话""联系我们"和"退出登录"4 个按钮，用户可根据需要进行设置。

❹ 输入区：该区域包括输入框、"深度思考（R1）"和"联网搜索"3 个部分。其中，输入框是用户输入提示词的位置；"深度思考（R1）"模式在逻辑推理和复杂问题处理方面表现出色，能够深入剖析问题的本质并给出有价值的解决方案；"联网搜索"模式能够搜索实时信息，快速整合并给出详尽的回答。

1.1.2 开启对话：解锁 DeepSeek 的交流方式

DeepSeek 的核心之一是其对话模式。在此模式下，用户可以通过输入问题或任务，开启新的对话。DeepSeek 将基于其强大的自然语言处理能力，快速理解用户需求，并提供精准的解答和建议。下面介绍开启 DeepSeek 新对话的操作方法。

扫码看教学

STEP 01 在导航栏或输入框的上方，单击"开启新对话"按钮，如图 1-10 所示。

图 1-10　单击"开启新对话"按钮

STEP 02 执行操作后，即可开启一个新的对话页面，在上方的输入框中，输入相应的提示词，用于指导 AI 生成特定的内容，如图 1-11 所示。

图 1-11　输入相应的提示词

STEP 03 单击"发送"按钮↑，DeepSeek 即可根据提示词生成相应的内容，具体如下。

> **DeepSeek**
>
> 5个热门短视频话题，助你引爆流量。
>
> 1. 挑战类
> - #XXX 挑战：例如"# 踢瓶盖挑战""# 变装挑战"，简单易模仿，容易引发跟风。
> - #XX 秒看 XX：例如"#10 秒看遍中国美食""#30 秒学会一个魔术"，快速吸引眼球。
> - #XX 的 100 种可能：例如"# 薯条的 100 种吃法""# 旧衣服的 100 种改造"，创意无限，激发用户参与。
>
> 2. 情感类
> ……

▶ 专家指点

因为本书篇幅原因，AI工具回复的内容只展示部分要点，详细的回复内容，请查看随书提供的效果完整文件。

1.1.3 深度思考：激发 DeepSeek 的推理潜能

DeepSeek 的"深度思考（R1）"模式能够对给定的问题进行多维度、多层次、系统性的分析和推理，并非只提供一个表面的答案。下面介绍使用 DeepSeek "深度思考（R1）"模式的操作方法。

扫码看教学

STEP 01 开启一个新的对话，单击输入框中的"深度思考（R1）"按钮，如图 1-12 所示。开启新对话后，该按钮将会变成蓝色。

图 1-12　单击"深度思考（R1）"按钮

STEP 02 在输入框中输入相应的提示词，用于指导 AI 生成特定的内容，单击"发送"按钮，DeepSeek 即可根据提示词生成相应的内容。相关提示词和回复如下。

【提问】

请分析"远程办公对企业管理的影响"，并列出其优缺点。

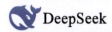

远程办公对企业管理的影响分析

远程办公，作为一种灵活的工作模式，近年来发展迅速，尤其是在疫情后成为许多企业的常态。这种模式对企业管理产生了深远的影响，既带来了机遇，也带来了挑战。

一、远程办公的优点

对企业的优势：
- 降低运营成本：减少办公场地租赁、设备购置和水电等开支。
- 扩大人才库：突破地域限制，吸引全球优秀人才。
- 提升员工满意度：灵活的工作安排有助于员工平衡工作与生活，提高忠诚度。
- 增强业务连续性：面对突发事件时，远程办公能确保业务持续运转。

对员工的优势：
……

"深度思考"模式的基本特点如下。

（1）思维过程展示：不仅提供问题的答案，还详尽地展示思考的全过程，使用户能够清晰地洞察"机器的思考方式"，如图1-13所示。无论是奥数难题还是生活常识问题，DeepSeek都能呈现出一个完整的分析论证体系。

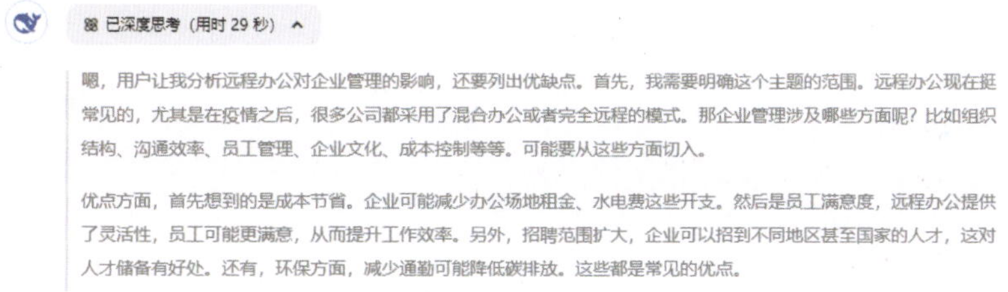

图1-13 显示DeepSeek的深度思考过程

（2）复杂问题处理：在应对复杂的逻辑推理、数据分析及编程挑战时表现出卓越的能力，能够从多角度全面审视问题。例如，在探讨"是否应以成败论英雄"时，会综合历史视角、现代社会价值观等多个维度进行论证。

（3）类人推理机制：具备类似人类的推理模式，如自我质疑、回溯思考、不断假设验证等。在遭遇困惑时，甚至会"暂停"思考，展现出"紧张"等情绪反应。

1.1.4 联网搜索：实时检索最新资讯

DeepSeek能够利用最新的在线数据来提供答案，这不仅提高了答复的精确度，也保证了信息的新鲜度和相关性。在处理查询任务时，DeepSeek会综合考量多个信息源，从中挑选最恰当的内容，以满足用户的查询需求。下面介绍使用DeepSeek"联网搜索"模式的操作方法。

扫码看教学

STEP 01 开启一个新的对话，单击输入框中的"联网搜索"按钮，如图1-14所示。

图1-14 单击"联网搜索"按钮

STEP 02 在输入框中输入相应的提示词，用于指导 AI 生成特定的内容，按 Enter 键或单击"发送"按钮，DeepSeek 即可根据提示词生成相应的内容。相关提示词和回复如下。

提问

请查询并总结 2025 年最新的 AI 发展趋势。

DeepSeek

2025 年，人工智能（AI）技术持续快速发展，并在多个领域展现出深远的影响力。以下是 2025 年 AI 发展的最新趋势总结。

1. AI Agent（智能体）成为主流
- 超级助理：AI Agent 将化身"超级助理"，具备解决复杂问题、自我决策的能力，重塑人机关系。例如，Coding Agent 将大幅提升软件开发效率，预计 2025 年软件开发效率提高十倍以上。
- 数字劳动力：AI Agent 逐渐从"工具"演变为"数字劳动力"，在企业中承担更多责任，如人力资源、IT 运维、市场营销等，甚至替代部分人类工作。

2. AI Native 企业崛起
- 深度融合 AI：越来越多的企业将 AI 全面融入业务环节，实现降本增效并开辟新应用场景。开源模型的快速发展降低了开发门槛，加速了 AI Native 应用的爆发式增长。
- 垂直场景应用：AI Native 企业将在教育、医疗、金融等领域深度渗透，提供更智能的解决方案。
……

1.1.5 文档解析：秒变结构化笔记

DeepSeek 的上传附件识别文字功能，允许用户轻松上传各类文档和图片，迅速将其中的文字内容提取出来，无须进行烦琐的手动输入。

对于经常需要处理大量文档的用户来说，这一功能无疑大大提高了工作效率。无论是 PDF、Word 等格式的文档，还是包含复杂排版和多种字体的图片，DeepSeek 都能准确识别其中的文字，并将其转换为可编辑的文本格式，使其变得更具结构化。下面介绍在 DeepSeek 中上传附件，并让 AI 进行文档解析的操作方法。

STEP 01 在 DeepSeek 页面中，❶单击输入框中的"上传附件（仅识别文字）"按钮；❷上传一份文档，如图 1-15 所示。

图1-15　上传一份文档

STEP 02 在输入框中输入相应的提示词，用于指导AI生成特定的内容，按Enter键或单击"发送"按钮，DeepSeek即可根据提示词生成相应的内容。相关提示词和回复如下。

提问

请总结这篇智能家居行业市场报告的核心数据和结论。

DeepSeek

这篇智能家居行业市场报告的核心数据和结论如下。

核心数据：

全球市场规模：
- 2024年全球智能家居市场规模达到约1,500亿美元，同比增长20%。
- 预计到2025年，全球市场规模将突破1,800亿美元。

中国市场规模：
- 2024年中国智能家居市场规模达到约400亿元人民币，同比增长25%。
- 预计2025年市场规模将接近500亿元人民币。

增长驱动因素：
- 技术进步：物联网、人工智能、5G等技术的快速发展。
- 消费升级：消费者对生活品质的追求提高。
- 政策支持：各国政府对智能家居产业的支持力度加大。

核心结论：

行业现状：
智能家居行业正处于快速发展阶段，市场规模不断扩大，技术不断进步，市场竞争激烈。

……

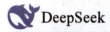 1.1.6　图文转换：智能识别文字信息

除了通过上传附件的方式上传图片和文档外，用户还可以在DeepSeek手机版中，通过"拍照识文字"功能，进行实时拍照并上传图片，让DeepSeek智能识别图片中的文字信息，具体操作如下。

STEP 01 进入"新对话"界面，在输入框下方点击＋按钮，如图1-16所示。

扫码看教学

STEP 02 展开相应面板，点击"拍照识文字"按钮，如图 1-17 所示。
STEP 03 进入拍摄界面，对准需要拍摄的内容，点击界面下方的"拍照"按钮，如图 1-18 所示。

图 1-16　点击＋按钮　　图 1-17　点击"拍照识文字"按钮　　图 1-18　点击"拍照"按钮

STEP 04 执行操作后，即可完成拍照，点击右上角的✓按钮，如图 1-19 所示。
STEP 05 稍等片刻，即可将拍到的照片上传，如图 1-20 所示。
STEP 06 在输入框中输入提示词，指导 AI 提取图片文字，如图 1-21 所示。

图 1-19　点击✓按钮　　图 1-20　上传拍到的照片　　图 1-21　输入提示词

STEP 07 单击"发送"按钮↑，DeepSeek 即可根据提示词生成相应内容。相关提示词和回复如下。

> **提问**
>
> 请识别这张图片中的文字，并整理成段落。

> 这张图片中的文字主要讨论了中国传统色在文化和艺术中的重要性。
> 中国传统色不仅反映了中华民族的悠久历史和深厚传统，还承载着丰富多彩、意蕴深远的象征意义。这些传统色源自特定地区的自然环境、历史事件、宗教信仰或社会习俗等，通过代代相传，成为文化的象征，并通过视觉形象传达文化的独特性。
> 在绘画、工艺品、服饰等艺术与设计领域中，广泛运用传统色有助于保留和彰显文化的独特视觉元素，并促进这些宝贵文化遗产的传承与发展。传统色在很大程度上塑造了人们对自身文化的认同感。通过穿着传统色的服饰、参与传统色彩浓郁的仪式和活动，个体能够表达对传统文化的认同，强化自己在传统文化中的位置。这种身份认同的方式可以在日常生活中、节庆时刻以及特殊仪式中体现出来。

1.2 从问题到答案：DeepSeek 的智能问答逻辑

在利用 AI 进行智能问答时，提问的方式决定了答案的质量。DeepSeek 通过多种问答逻辑，使用户能够以最合适的方式获取精准信息。本节将探讨不同的提问技巧，包括直接提问、精准提问、导向提问、分步提问等方法，帮助用户高效利用 DeepSeek 的智能问答功能，获得更加准确、全面的答案。

1.2.1 直接提问：明确目标锁定核心答案

直接提问适用于获取简明、直接的答案。在进行提问之前，需要明确提示词的主要目标与意图，即你想要得到什么样的结果。例如，想要让 DeepSeek 生成一篇关于某个短视频主题的文案，就要明确文案的主题、字数、写作风格等要求。在 DeepSeek 中直接提问的相关案例如下。

扫码看教学

> **提问**
>
> 以"AI 在医疗健康领域的潜力"为主题，写一篇知识科普文案，要求：不超过 500 字，写作风格为专业又风趣。

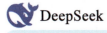

> AI 医生上线？医疗健康的未来已来！
> 还记得科幻电影里那些酷炫的医疗 AI 吗？它们诊断疾病快准狠，手术操作稳如老狗，简直是医生的"外挂"！如今，这些场景正从银幕走进现实，AI 在医疗健康领域大展拳脚，潜力无限！
> AI 医生，不只是"快"那么简单！

火眼金睛，精准诊断：AI 可以快速分析海量医学影像，从 X 光片到病理切片，精准识别病灶，甚至发现人眼难以察觉的细微变化，助力早期诊断，为患者赢得宝贵时间。

数据达人，个性化治疗：AI 可以整合患者的基因信息、病史、生活习惯等数据，为每位患者量身定制最佳治疗方案，实现精准医疗，告别"千人一方"。

永不疲倦，守护健康：AI 可以 24 小时不间断地监测患者生命体征，及时发现异常并预警，为患者提供全天候的健康守护。

AI 医生，也是医生的好帮手！

……

通过提供清晰的提示词，可以确保 DeepSeek 生成满足用户需求的高质量内容，减少错误和偏差。当然，要做到这一点，需要注重提示词的准确性和详细性，目标应该清晰明确，涵盖用户所希望生成内容的主题和要点。

1.2.2 精准提问：10 秒获取高价值回复

在构思提示词时，应追求质量而非数量，尽可能提供详细、精准且具启发性的信息，以激发 DeepSeek 的创造力并获取高价值回复。同时，还可以增加具体的限定条件，以确保 AI 的回答更加聚焦、全面。相比于模糊或宽泛的问题，精准提问能减少无关信息，提高答案的实用性。例如，在询问某个概念时，可以指定适用场景、时间范围或数据来源，从而使答案更贴合实际需求。在 DeepSeek 中精准提问的相关案例如下。

扫码看教学

AI 在 2025 年的教育行业应用趋势是什么？请列举 3 个具体案例。

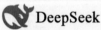

在 2025 年，AI 在教育行业的应用将更加广泛和深入，主要体现在个性化学习、智能评估和虚拟教学助手等方面。以下是 3 个具体案例。

1. 个性化学习平台

案例：AI 驱动的自适应学习平台（如 Knewton、DreamBox 等）将根据学生的学习进度、兴趣和知识水平，实时调整学习内容和难度。例如，平台会分析学生的答题情况，自动推荐适合的练习题或视频讲解，帮助学生查漏补缺。

趋势：通过大数据和机器学习，AI 能够为每个学生提供定制化的学习路径，提升学习效率。

2. 智能评估与反馈系统

案例：AI 自动批改系统（如 Gradescope）将广泛应用于作业和考试评估。例如，AI 可以快速批改作文，不仅评估语法和拼写，还能分析逻辑结构和内容深度，并提供详细的改进建议。

趋势：AI 评估系统将减轻教师负担，同时为学生提供即时反馈，帮助他们更快地改进学习。

3. 虚拟教学助手

……

精准提问的回答针对性强，能让DeepSeek识别出用户的真正需求，而不是提供宽泛或不相关的内容；其次，它可以节省时间，避免冗长的答案，提高信息获取的效率；此外，还能增强可读性。例如，用户可以要求AI使用表格、列表或结构化方式输出，使得内容更直观易读。

1.2.3　自然对话：像聊天一样获取答案

自然对话指的是以日常交流的方式向DeepSeek提问，使AI的回答更符合人类沟通习惯，而不是一问一答式的机械互动。这种方式特别适用于讨论复杂问题、深入探索某个话题或需要AI提供连续性的分析。通过引导式提问、递进式交流和情境化表达，用户可以获得更贴合需求的答案。在DeepSeek中进行自然对话时，用户可以一个问题接一个问题地追问，就像聊天一样获取答案，相关案例如下。

扫码看教学

提问

我最近在学AI，发现机器学习和深度学习经常被提到，它们的区别是什么？有没有一个简单的比喻可以帮助理解？

DeepSeek

机器学习（ML）和深度学习（DL）是AI的两个重要分支，深度学习是机器学习的子集。
主要区别：
特征提取：
ML：依赖人工提取特征。
DL：自动从数据中学习特征。
……
简单比喻：
ML：像用现成的乐高积木搭建模型，积木由人工挑选。
DL：像用可塑的橡皮泥从头塑造模型，形状由数据决定。
总结： ML依赖人工特征，DL自动学习特征，适合处理更复杂的问题。

提问

这个比喻很好！那深度学习比机器学习更先进吗？在哪些情况下应该选择使用深度学习？

DeepSeek

深度学习和机器学习各有优劣，深度学习并不总是更先进，选择取决于具体问题。
深度学习的优势场景：
大规模数据： DL在数据量大时表现更好，如图像识别、自然语言处理。
复杂模式： DL适合处理非结构化数据中的复杂模式，如语音、视频。
端到端学习： DL可以从原始数据直接学习，无须人工设计特征。

机器学习的优势场景：
……

　　这样提问更符合人类交流的习惯，可以避免生硬的问答模式，通过逐步引导，用户可以像和专家交谈一样，层层深入地获取更细致、更具针对性的解答。同时，这种方式也能提高信息的准确度，通过连续性交流，AI 可以根据上下文优化回答，减少信息丢失。

　　此外，在长时间对话中，如果发现 AI 偏离主题，可以通过"换个角度说"或"请总结前面的讨论"等提示词来引导其回归主题。还可以适当使用"继续刚才的话题"或"你能进一步解释这个概念吗？"等提示词，让 AI 保持语境一致。

1.2.4 模板引导：运用示例丰富问答维度

　　在提示词中，用户可以通过提供示例和引导，让 DeepSeek 更精准地理解需求。这种方式可以帮助 AI 抓住核心问题，减少模糊或片面的回答。常见的引导方式包括关键词设定、问题补充、场景描述和示例列举等，这些方法能使 AI 提供更具针对性和深度的回答。在 DeepSeek 中使用示例模板引导提问的相关案例如下。

扫码看教学

提问

请将以下简短情节扩展为一篇 600 字以内的悬疑推理故事，要求情节紧凑、悬疑元素丰富、角色鲜明，并在结尾处设置一个意想不到的转折。
情节：艾米，一位生活在古老小镇的图书管理员，她常常翻阅古籍，从中了解到了很多被人遗忘的秘密。一天，她发现镇上历史悠久的图书馆突然出现一本从未见过的神秘古籍，而这一切似乎与一个神秘的访客有关。

 DeepSeek

艾米是布莱克威尔小镇图书馆的图书管理员，她熟悉这里的每一本书，甚至能闭着眼睛找到它们的位置。然而，今天早上，当她像往常一样整理书架时，一本从未见过的古籍突兀地出现在"地方志"分类中。书的封面已经泛黄，边角磨损严重，封面上没有任何书名，只有一行模糊的手写文字："真相在你眼前，但你视而不见。"

她翻开书页，发现里面记载的全是小镇的历史，但内容却与她熟知的截然不同。书中提到，小镇在两百年前曾发生过一起连环失踪案，失踪者都是年轻女性，而凶手从未被找到。更令她震惊的是，书中还提到图书馆地下有一个密室，里面藏有凶手的秘密。

艾米的心跳加速，她从未听说过这些事，但书中的细节却异常真实。正当她陷入沉思时，一阵轻微的脚步声从身后传来。她猛地回头，发现一个身穿黑色风衣的男人正站在书架间，目光冰冷地盯着她。男人没有说话，只是微微点头，随后转身离开。

艾米感到一阵寒意，她决定调查这本书的来历。她查阅了图书馆的借阅记录，发现这本书从未被登记过。更奇怪的是，监控录像中也没有那个神秘男人的身影。

> 她开始怀疑这一切是否与小镇的传说有关。据说，图书馆曾是一位富商的宅邸，富商的女儿在两百年前神秘失踪，而富商也因此发疯，最终将宅邸捐给了小镇作为图书馆。艾米决定深入调查，她按照书中的提示，找到了地下室的入口。
> ……

这个提示词通过明确的要求和情节描述来引导DeepSeek生成完整的故事，目标非常清晰，首先要求扩展为"600字以内的悬疑推理故事"，设定了篇幅限制，避免故事过长或过短；其次，风格明确，提示词中强调"情节紧凑、悬疑元素丰富、角色鲜明"，并且还提供了足够的悬疑基础（神秘古籍＋神秘访客），以确保DeepSeek生成的故事具有吸引力和节奏感；最后，剧情反转，要求"意想不到的转折"，符合推理故事的基本套路，有助于DeepSeek增强故事的吸引力。

1.2.5 问题导向：生成有针对性的回应

用户可以采用问题导向提问的形式，提出希望DeepSeek回答或讨论的内容，例如"什么是新媒体运营及其应用领域"。注意，问题要明确具体，不要太宽泛，避免像"告诉我关于新媒体运营的全部内容"这样过于开放式的问题。另外，用户还可以使用"如何""为什么""什么"等提问词来构建提示词。在DeepSeek中采用问题导向提问的相关案例如下。

扫码看教学

提问

近年来，短剧越来越火，这是为什么？有哪几个原因？

短剧近年来的火爆可以归结为以下几个原因。

1. 时间碎片化

现代生活节奏加快，人们的时间被分割，短剧通常在几分钟到十几分钟内完成一个完整故事，适合在通勤、休息等碎片时间观看。

2. 移动设备普及

智能手机和平板电脑的广泛使用，使得短剧能够随时随地被观看，满足了用户对便捷娱乐的需求。

3. 社交媒体传播

短剧易于在社交平台上分享，借助短视频平台的算法推荐，能够迅速吸引大量观众，形成病毒式传播。

4. 制作成本低

相比传统影视剧，短剧的制作周期短、成本低，降低了创作门槛，吸引了更多创作者加入，内容更加多样化。

5. 内容创新

短剧形式灵活，题材多样，能够快速反映社会热点或流行文化，满足观众对新奇内容的需求。

……

问题导向法的应用,不仅限定了讨论的范围和焦点,还能够促使 DeepSeek 深入地剖析短剧火爆的原因,从而提供精准、有针对性的回应。这样的提示词鼓励 DeepSeek 从多个维度(如时间、设备、成本、内容等)进行剖析,确保回应的全面性和深度。

1.2.6 细节描述:构建完整的信息链

在智能问答中,细节往往决定着回答的质量。一个完整、准确的答案不仅依赖于核心信息,还需要围绕主题提供背景、数据、案例等细节,以构建完整的信息链,提高回答的深度和实用性。通过增加细节描述,可以让 DeepSeek 的回答更具逻辑性、可读性和说服力,进而更好地发挥智能问答的优势。在 DeepSeek 中通过细节描述进行问答的相关案例如下。

扫码看教学

提问

针对一个香水初创品牌的电商店铺,如何通过社交媒体营销策略提升销量?

DeepSeek

香水初创品牌电商店铺社交媒体营销策略
目标:提升品牌知名度、吸引目标受众、促进电商店铺销量。
策略:
一、精准定位,打造品牌人设
明确目标受众:确定香水的主要消费群体,例如年龄、性别、职业、兴趣爱好、生活方式等。
塑造品牌个性:根据目标受众的喜好,打造独特的品牌人设,例如优雅、神秘、活力、浪漫等。
讲述品牌故事:通过文字、图片、视频等形式,讲述品牌背后的故事、理念、调香师灵感等,与消费者建立情感连接。
二、内容为王,吸引目标受众
高质量视觉内容:精美的产品图片、香水制作过程、使用场景等,吸引用户眼球。
互动性强的内容:发起话题讨论、香水知识问答、用户测评分享等,提高用户参与度。
……

在这个提示词中,提供了"香水初创品牌的电商店铺"这一背景信息,这有助于 DeepSeek 理解问题的上下文,从而提供更精准的策略建议。除此之外,在提问时,通过数据支撑、案例分析、因果推导和对比分析,可以让 DeepSeek 提供更精准、全面且有逻辑的回答,真正实现高质量的智能问答体验。

1.2.7 规范表达:提升回答的准确性

DeepSeek 的回答质量在很大程度上取决于用户的提问方式。通过规范表达,用户可以减少歧义,帮助 AI 更精准地理解问题,从而生成更加准确的答案。规范表达的方法包括以列表形式回复、限定字数长度、提供具体要求、控制回答范围和格式要求等,这些技巧可以有效提升回答的可读性和条理性。在 DeepSeek 中通过规范表达进行问答的相关案例如下。

扫码看教学

提问

请按"定义－优点－缺点"的结构，分析云计算的影响，限 500 字以内。

DeepSeek

定义

云计算是一种通过互联网提供计算资源（如存储、计算能力、应用服务等）的技术模式。用户无须拥有物理设备，即可按需获取和使用资源，服务模式包括基础设施即服务（IaaS）、平台即服务（PaaS）和软件即服务（SaaS）。

优点

1. 成本效益：云计算采用按需付费模式，用户无须购买和维护昂贵的硬件设备，降低了初始投资和运营成本。
2. 灵活性与可扩展性：用户可根据需求快速扩展或缩减资源，适应业务变化，提升效率。
3. 高可用性与可靠性：云服务提供商通常提供冗余和备份机制，确保数据安全和服务的连续性。
4. 全球访问与协作：通过互联网，用户可随时随地访问云资源，促进团队协作和远程办公。

缺点

1. 安全与隐私风险：数据存储在第三方服务器上，可能面临数据泄露、黑客攻击等风险，尤其对敏感行业影响较大。
2. 依赖网络连接：云服务的性能高度依赖网络质量，网络不稳定或中断会直接影响用户体验。
3. 供应商锁定风险：迁移云服务可能面临技术兼容性和数据迁移难题，导致用户对特定供应商的依赖。
4. 长期成本不可控：虽然初始成本低，但随着资源使用的增加，长期费用可能超出预期。

……

在这个提示词中，展现了高度的条理性和规范性。采用"定义－优点－缺点"的格式进行输出，同时限制了回复字数，不仅进一步强化了内容的条理性，还使得每一个要点都更加醒目和易于辨识。这种格式化的呈现方式，不仅便于 DeepSeek 组织思路，也便于读者快速捕捉到关键信息，提高了信息的传递效率。

1.2.8　逻辑链条：碎片化思考变系统化

在日常办公、商务、电商和短视频运营等场景中，思考往往呈现碎片化。用户可能会提出零散的问题，这可能导致 AI 的回答缺乏系统性。通过构建逻辑链条，用户可以引导 DeepSeek 按照层层递进、结构清晰、逻辑严密的方式作答，从而使回答更加完整且可执行。

扫码看教学

逻辑链条的构建可以采用"背景—问题—分析—解决方案—优化建议"的结构，将碎片化问题转变为系统化回答。在 DeepSeek 中构建逻辑链条进行问答的相关案例如下。

提问

请列出 5 个提升电商店铺转化率的方法，并结合案例分析。

DeepSeek

5个提升电商店铺转化率的方法及案例分析

1. 优化产品页面，提升用户体验

方法：
- 高质量图片和视频：清晰展示产品细节、使用场景，提升用户信任感。
- 详细产品描述：突出产品特点、优势，解决用户疑问，减少购买顾虑。
- 用户评价和晒单：展示真实用户反馈，增强产品说服力。
- 简化购买流程：减少步骤，提供多种支付方式，提升购买便捷性。

案例：某家居品牌通过优化产品图片，使用高清大图和360度展示，并添加视频演示功能，使转化率提升了20%。

2. 提供个性化推荐，精准营销

方法：
- 基于用户浏览和购买历史推荐：利用数据分析用户偏好，推荐相关产品。
- 设置个性化广告：根据用户兴趣投放广告，提高点击率和转化率。
- 发送个性化邮件：根据用户行为发送定制化邮件，如购物车提醒、优惠信息等。

案例：某时尚电商通过分析用户浏览数据，为不同用户推荐个性化商品，并发送定制化邮件，使转化率提升了15%。

3. 设置优惠活动和促销策略，刺激消费

……

在这个提示词中，提供了背景"电商店铺"、问题"提升转化率的方法"以及要求的解决方案为"5个"，以便AI结合案例对问题进行分析，并提供解决方案。通过构建层层递进的逻辑链条，可以让DeepSeek的回答更加系统化、可执行。

1.2.9 积极引导：激发 DeepSeek 正面回应

在提示词中运用肯定的语言进行积极引导，可以最大限度地激发 DeepSeek 进行正面回应，提高提示词的有效性，从而让 DeepSeek 生成更具深度的结果。在 DeepSeek 中通过积极引导进行问答的相关案例如下。

扫码看教学

提问

你非常擅长提供户外探险建议，请根据我的活动偏好，为我推荐一些适合的户外目的地和活动攻略。我的活动偏好：喜欢去人迹罕至的地方，偏爱自然原生态的体验，不太喜欢去人多的热门景区或者商业景点。

DeepSeek

根据你的活动偏好，我为你推荐以下几个适合的户外目的地和活动攻略。这些地方人迹罕至，自然原生态，远离热门景区和商业景点，能够提供独特的探险体验。

1. 西藏阿里地区——冈仁波齐转山

推荐理由：阿里地区是西藏最偏远的地区之一，拥有壮丽的自然景观和深厚的宗教文化。冈仁波齐是藏传佛教的神山，转山是当地信徒的朝圣活动，沿途人迹罕至，风景原始壮丽。

活动攻略：
- 最佳时间：5～10月，天气较为稳定。
- 路线：从拉萨出发，经过日喀则、萨嘎，最终到达塔钦（冈仁波齐山脚下）。转山路线分为内转和外转，外转约52公里，需要2～3天。
- 注意事项：高原反应是主要挑战，建议提前适应高原环境，携带必要的药品和装备。

2. 新疆喀纳斯——徒步穿越

推荐理由：喀纳斯湖被誉为"人间仙境"，但大部分游客只集中在湖区。你可以选择徒步穿越喀纳斯周边的原始森林和草原，避开人群，深入体验大自然的宁静与美丽。

活动攻略：
- 最佳时间：6～9月，气候宜人，景色最美。
- 路线：从贾登峪出发，徒步至禾木村，再穿越至喀纳斯湖，全程约60公里，需要3～4天。
- 注意事项：徒步路线较为艰苦，需携带足够的食物和水，注意防寒和防蚊虫。

3. 四川稻城亚丁——洛克线徒步

推荐理由：稻城亚丁被誉为"最后的香格里拉"，洛克线是一条经典的徒步路线，穿越雪山、峡谷、草原和原始森林，沿途人迹罕至，风景如画。

活动攻略：
- 最佳时间：5～10月，天气较为稳定。
- 路线：从木里出发，穿越亚丁自然保护区，最终到达稻城，全程约100公里，需要7～10天。
- 注意事项：高海拔徒步，需提前适应高原环境，携带必要的装备和药品。

……

这个提示词采用积极正面的表达方式，对DeepSeek的能力进行了肯定。"你非常擅长提供户外探险建议"这句话，直接对DeepSeek的能力给予高度评价，这种肯定性的语言能够激发DeepSeek的积极性，使其更愿意投入精力去完成任务。

1.2.10 分步提问：拆解难题逐个突破

当用户遇到复杂、信息量大的问题时，直接提出宽泛的问题可能会导致DeepSeek回答模糊，缺乏针对性。通过分步提问，可以让DeepSeek按逻辑顺序逐步拆解问题，从而提供更加精准、可执行的解决方案。例如，在优化短视频运营时，可以在DeepSeek中从广到深逐步缩小问题范围，分步提问并获取相应的回复。在DeepSeek中通过分步提问进行问答的相关案例如下。

扫码看教学

提问

根据以下问题，逐步回答：
1. 目前短视频流量推荐机制是怎样的？
2. 哪些选题更容易吸引目标用户？

3. 如何优化视频封面和标题提升点击率？
4. 如何提升用户互动（评论、分享、点赞）？

 DeepSeek

1. 目前短视频流量推荐机制是怎样的？
短视频平台的流量推荐机制通常基于算法，主要考虑以下几个因素。
用户兴趣：算法会根据用户的历史行为（如观看时长、点赞、评论、分享等）推荐相关内容。
视频互动率：点赞、评论、分享、完播率等互动数据越高，视频越容易被推荐。
内容新鲜度：新发布的视频通常会获得一定的初始流量，表现好的会进入更大的推荐池。
标签和分类：视频的标签、分类和描述会影响其被推荐给相关兴趣用户。
社交关系：用户关注的创作者或好友互动的内容会优先推荐。
地域和时间：算法会根据用户的地理位置和时间段推荐相关内容。

2. 哪些选题更容易吸引目标用户？
热点话题：结合当前社会热点、节日、流行趋势等，容易引发用户兴趣。
情感共鸣：情感类内容（如励志、感人、搞笑）容易引发用户共鸣，增加互动。
实用信息：教程、技巧、生活小窍门等实用内容容易吸引用户关注。
争议性话题：有争议或讨论空间的内容容易引发用户评论和分享。
个性化内容：针对特定用户群体的兴趣和需求，提供个性化的内容。

3. 如何优化视频封面和标题提升点击率？
……

如果一个问题涉及多个层面，可以先从大范围入手，再逐步深入细节。除此之外，还可以按照问题的逻辑顺序拆解提问；按照时间节点拆解提问；拆分成角色或场景，进行针对性提问。通过这些方式，AI 可以逐个突破难点，从而获得高质量的答案。

1.3 个性化问答：满足你的独特需求

在不同的场景下，每个人的需求各不相同，DeepSeek 的个性化问答能力能够根据用户的背景、目标、语言风格等因素，提供高度匹配的答案。通过定制化设定，DeepSeek 不仅能给出标准回答，还能贴合用户的偏好，提供更精准、更实用的解答。本节主要介绍如何在 DeepSeek 中进行个性化问答的方法。

1.3.1 设定角色：定制符合场景的回答

用户可以在提示词中设定一个角色的身份并提出问题，这样可以为 DeepSeek 提供更明确的情境。需要注意的是，身份设置要具体和明确，例如学生、医生、教师等，避免过于宽泛的身份设置。同时，背景情境要尽量描述充分，帮助 DeepSeek 更好地理解

扫码看教学

该身份的视角。另外，要尽量用第一人称表达身份，以增加代入感和逼真度，从而定制符合场景的回答。在 DeepSeek 中通过设定角色进行问答的相关案例如下。

提问

我有多年从事技术研发工作的经验，最近转岗成为技术团队负责人，但在新岗位上感到诸多不适应，尤其是在技术规划和团队协作方面感觉力不从心，工作效率也不如从前。请根据我的现状，推荐一些能够帮助我提升技术管理和团队协作技能的方法。

DeepSeek

从技术专家到技术管理者，你的挑战很常见。以下是一些建议，帮助你提升技术管理和团队协作能力。

一、转变思维模式

- 从"做事"到"成事"：从专注于个人贡献，转变为通过团队达成目标。学会授权，信任团队成员，并为他们提供支持。
- 从"技术思维"到"产品思维"：关注技术如何为用户和业务创造价值，而不仅仅是技术本身。
- 从"短期目标"到"长期规划"：制定团队的技术路线图，明确未来发展方向，并确保团队工作与公司战略一致。

二、提升技术管理能力

制定清晰的技术规划：

- 与团队共同制定短期和长期技术目标，并将其分解为可执行的任务。
- 关注技术趋势，评估新技术对团队和业务的影响。
- 建立技术风险评估机制，制定应对方案。

优化团队协作流程：

- 引入敏捷开发等方法论，提高团队协作效率。
- 使用项目管理工具，例如 Jira、Trello 等，跟踪项目进度和任务分配。
- 建立有效的沟通机制，例如定期团队会议、一对一沟通等。

培养团队成员：
……

这个提示词首先通过设定一个具体的角色身份——"我有多年从事技术研发工作的经验，最近转岗成为技术团队负责人"，这一背景信息立刻构建了一个鲜活的人物形象，使 DeepSeek 能够迅速代入到这个身份的情境中，理解其独特的挑战和困境。

通过这种提问方式，不仅增强了提示词的场景代入感，还使得 DeepSeek 在生成回应时能够更加贴近用户的需求和心理，从而提供更加贴心和有效的建议。

1.3.2 关键字提炼：提高答案的匹配度

提问过长或信息冗余可能会影响 AI 的理解效率，导致答案不够精准。通过关键字提炼，可以缩短提问时间，提高 DeepSeek 的回答效率，让获取答案更快、更准确。例如，

扫码看教学

提示词为"帮我写一个吸引年轻女性的护肤品介绍，突出补水保湿效果，符合社交媒体流行趋势"。在 DeepSeek 中进行问答时，可以将关键字提炼，相关案例如下。

提问

生成社交媒体护肤品文案，目标用户：年轻女性，强调补水保湿。

DeepSeek

年轻女性补水保湿文案，拿走不谢！

1. 直击痛点型

熬夜追剧脸干到爆？XX 面膜，15 分钟还你水润嘭嘭肌！

换季干燥起皮？XX 精华，一抹水润，告别"沙漠肌"！

化妆卡粉太尴尬？XX 面霜，24 小时锁水，妆容服帖一整天！

2. 场景化种草型

约会前急救！XX 安瓶，快速补水，肌肤瞬间透亮有光泽！

空调房待一天也不怕！XX 喷雾，随时随地补水，肌肤水润一整天！

熬夜党必备！XX 睡眠面膜，夜间修护，醒来肌肤水嫩有弹性！

3. 成分党安利型

95% 高纯度玻尿酸，XX 精华，深层补水，肌肤喝饱水！

神经酰胺＋角鲨烷，XX 面霜，修复肌肤屏障，锁水更持久！

天然植物萃取，XX 面膜，温和不刺激，敏感肌也能用！

4. 互动话题型

你的肌肤缺水了吗？# 快来测测你的肌肤含水量，还有机会赢取 XX 护肤品大礼包！

补水大作战 # 分享你的补水小妙招，赢取 XX 新品试用装！

我的护肤 routine# 晒出你的补水护肤步骤，赢取 XX 护肤品正装！

……

通过去除冗余、聚焦目标、使用行业术语，可以缩短问题长度，同时保证内容的完整性。合理运用关键字提炼，能显著提升 AI 的响应速度和回答质量。

1.3.3 指令操控：让 AI 执行更精准

采用指令操控式提问能够显著提升 DeepSeek 的工作效率和回复结果的准确性，用户可以控制回答的格式、语气、风格及详细程度，从而获取高质量、符合实际需求的输出。指令操控式提问强调在提问时直接给出明确的操作提示词，让 DeepSeek 能够迅速理解并执行相应的任务。在 DeepSeek 中通过指令操控进行问答的相关案例如下。

扫码看教学

提问

撰写一封正式商务邮件，通知客户产品交付延期。格式包括：1. 问候语，2. 延期原因，3. 道歉与补偿方案，4. 结尾感谢。语气需正式、礼貌。

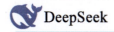

> 主题：关于产品交付延期的通知
>
> 尊敬的 [客户姓名] 先生 / 女士，
>
> 您好！
>
> 首先，感谢您对 [公司名称] 的信任与支持。我们非常重视与您的合作，并对此次订单的顺利交付充满期待。然而，我们遗憾地通知您，由于 [简要说明延期原因，如"供应链临时中断"或"生产环节出现不可预见的延误"]，原定于 [原定交付日期] 交付的 [产品名称] 将无法按时完成。
>
> 我们深知此次延期可能给您带来了不便，对此我们深表歉意。为确保将影响降至最低，我们已采取以下措施。
>
> - 加快生产进度，预计新的交付日期为 [新交付日期]。
> - 为表达我们的诚意，我们将为您提供 [补偿方案，如"额外折扣"或"免费延长保修期"]。
>
> 我们承诺将全力以赴，确保产品以最高质量尽快交付。如果您有任何疑问或需要进一步协助，请随时与我们联系。
>
> 再次感谢您的理解与支持，我们期待继续为您提供优质的服务。
>
> 祝商祺！
>
> [您的姓名]
>
> [您的职位]
>
> [公司名称]
>
> [联系方式]
>
> [公司地址]

如果需要 AI 按照特定格式回答，可以在指令中直接规定格式，例如表格、要点、分步骤说明等。如果需要控制回答的语气，不同场景则需要不同的表达风格，可以加入正式、幽默、简洁、礼貌、富有创意等关键词。如果需要简洁回答或深入分析，可以明确指定字数限制或内容深度。通过优化提示词，DeepSeek 不仅能提高回答的准确性，还能更好地匹配不同办公场景的实际需求。

1.3.4 预设模板：规范输出格式和结构

在编写 DeepSeek 的提示词时，采用"模板化引导"策略是一种高效且有序的方法，它通过预设的模板来规范 DeepSeek 的输出格式和内容结构，确保结果的统一性和可预测性。同时，"模板化引导"策略也为后续的内容管理和利用提供了便利。在 DeepSeek 中通过预设模板进行问答的相关案例如下。

扫码看教学

> **提问**
>
> 请按照以下模板生成益智玩具开发项目总结报告。
>
> 产品开发概述：简述产品开发背景、目标和市场意义。
>
> 开发流程：
>
> 市场调研：详细描述产品需求，包括用户痛点和市场应用场景。

设计思路：概述产品的设计理念和功能规划。
开发过程：列出开发过程中的关键环节、使用的技术和工具。
成果展示：通过产品演示、用户反馈等方式展示开发成果。
问题与挑战：总结开发过程中遇到的问题及解决办法。
总结与展望：对项目进行总结，并对未来产品优化提出建议。
请确保报告内容翔实、条理清晰，并附上必要的附件和参考文献。

益智玩具开发项目总结报告

一、产品开发概述

1. 背景

随着家长对儿童早期教育的重视程度不断提高，益智玩具市场呈现出快速增长的趋势。传统的玩具产品已无法完全满足家长和儿童的需求，市场对兼具趣味性、教育性和互动性的益智玩具需求日益增加。为此，我们启动了这款益智玩具的开发项目，旨在通过创新的设计和科技手段，打造一款能够提升儿童逻辑思维、动手能力和创造力的玩具。

2. 目标

- 开发一款适合3～8岁儿童的益智玩具，兼具趣味性和教育性。
- 通过模块化设计，满足不同年龄段儿童的需求。
- 结合AR（增强现实）技术，提升玩具的互动性和沉浸感。

3. 市场意义

该产品不仅填补了市场上高质量益智玩具的空白，还为家长提供了一种科学、有效的儿童早期教育工具。通过结合科技与教育，产品有望在竞争激烈的玩具市场中脱颖而出，成为家长和儿童的首选。

二、开发流程

1. 市场调研

用户痛点：

- 家长希望玩具能够寓教于乐，但市面上许多玩具缺乏教育价值。
- 儿童对单一功能的玩具容易失去兴趣，需要更具互动性和挑战性的产品。
- 传统玩具缺乏个性化设计，无法满足不同年龄段儿童的需求。

市场应用场景：

……

这个提示词利用一个范例模板来规范项目报告的输出结构，明确了报告应包含的主要部分和各部分的具体要求，从而有助于DeepSeek生成结构清晰、内容完整的项目报告。

1.3.5 整合提问：获取更完整的答案

用"整合式提问"策略编写的提示词，可以显著提高DeepSeek的回复效果。这是因为它通过将多个相关问题整合到一个提示词中，从而减少了重复提问，有助于提高效率并获取更完整的答案。在DeepSeek中通过整合提问进行问答的相关案例如下。

扫码看教学

> **提问**
>
> 请为我完成以下任务：
> 1. 收集近一个月内关于"人工智能在医疗诊断中的应用"的最新研究报告，并提炼出每篇报告的主要观点和结论。
> 2. 基于收集到的信息，分析人工智能在医疗诊断领域的主要应用场景和潜在挑战。
> 3. 针对每个应用场景，提出至少两项改进建议，并简要说明其可行性和预期效果。
> 4. 将以上内容整合成一篇 500 字左右的短文，用于公司内部简报，要求语言简洁明了、突出重点信息。

人工智能在医疗诊断中的应用：最新进展与改进建议

1. 最新研究报告提炼

近一个月内，多篇研究报告聚焦于人工智能（AI）在医疗诊断中的应用。主要观点如下。

- AI 在影像诊断中的应用：研究表明，AI 在放射影像（如 X 光、CT、MRI）分析中表现出色，能够快速识别肿瘤、骨折等病变，准确率接近或超过人类专家。
- 病理学诊断：AI 通过深度学习技术，能够辅助病理学家识别癌症细胞，减少误诊率，并提高诊断效率。
- 个性化治疗：AI 通过分析患者基因数据和病史，能够为患者提供个性化治疗方案，尤其在癌症和罕见病领域表现突出。
- 早期筛查：AI 在糖尿病视网膜病变、阿尔茨海默病等疾病的早期筛查中展现出潜力，能够通过数据分析预测疾病风险。

2. 主要应用场景与潜在挑战

应用场景：
- 影像诊断：AI 用于辅助医生分析医学影像，提升诊断速度和准确性。
- 病理学分析：AI 帮助病理学家识别复杂病例，减少人为误差。
- 个性化治疗：AI 通过大数据分析，为患者提供定制化治疗方案。
- 早期筛查：AI 通过分析患者数据，预测疾病风险，实现早期干预。

潜在挑战：
- 数据隐私与安全：医疗数据涉及患者隐私，如何确保数据安全是重要挑战。
- 算法透明度：AI 决策过程缺乏透明度，可能导致医生和患者对其结果的不信任。
- 临床验证不足：部分 AI 技术尚未经过大规模临床验证，其长期效果和可靠性有待进一步研究。

3. 改进建议

......

在这个案例中，通过"整合式提问"策略，在单个提示词中综合了多个请求，包括信息收集、分析、建议提出和文章撰写等。这种方式不仅减少了重复提问的次数，还提高了 DeepSeek 处理任务的效率，从而更快地获得所需的结果。

1.3.6 创新提问：获取更具创造性的回复

采用"创新式探索"策略编写的提示词，能够激发非传统的思考方式，鼓励DeepSeek生成独特、新颖的见解和解决方案。这种策略强调跳出常规框架，勇于尝试不同的方法和思路，以激发创意的火花。例如，普通提问"如何提高播放量？"在DeepSeek中进行创新提问的相关案例如下。

扫码看教学

提问

如果只用免费流量，如何在 30 天内让视频破 10 万播放？

DeepSeek

要想在 30 天内仅靠免费流量让视频播放量突破 10 万，可以采取以下策略。

1. 内容为王：打造爆款视频
- 选题精准：选择热门、有争议或能引发共鸣的话题，确保内容有吸引力。
- 标题吸睛：使用简洁、有冲击力的标题，激发观众的点击欲望。
- 封面抓人：设计高质量的封面图，突出视频亮点。
- 内容优质：视频节奏紧凑，信息量大，画面清晰，剪辑流畅。
- 引导互动：在视频中设置互动环节，如提问或引导点赞、评论、分享。

2. 平台规则：充分利用推荐机制
- 关键词优化：在标题、描述和标签中合理使用关键词，提升搜索排名。
- 发布时间：选择平台流量高峰时段发布，增加曝光机会。
- 积极参与活动：参加平台的热门活动或挑战，获取更多推荐。
- 多平台分发：将视频同步到多个平台，扩大覆盖面。

3. 社群运营：借助社交力量
- 分享到社交平台：将视频分享到微信、微博、QQ 等社交平台，利用社交关系传播。
- 加入相关社群：在相关社群中分享视频，吸引精准用户。

……

通过多角度拆解问题、假设性思维、跨行业借鉴、设定挑战目标等方式，可以让DeepSeek提供更有深度和创新性的回答。这些方法适用于短视频、电商、商务办公、企业管理等多个领域，帮助用户获取更具创造性的解决方案。创新提问不仅能提高答案的质量，还能激发新的思考方向，助力商业创新与个人成长。

1.4 本章小结

本章首先为读者介绍了DeepSeek的几个核心功能，包括开启对话、深度思考、联网探索、文档解析以及图文转换等，这些功能大部分手机版和电脑版都是通用的；然后介绍了使用DeepSeek进行智能问答的 10 大技巧；最后介绍了使用 DeepSeek 进行个性化问答的 6 大技巧，帮助读者掌握提问技巧，以便获取 AI 精准、有效的回复。

1.5 课后实训

鉴于本章内容的重要性，为了帮助读者更好地掌握所学技能，本节将通过课后实训，帮助读者进行简单的知识回顾和补充。

实训任务：用创新提问的方式，向 DeepSeek 提问"如何提升培训效果"，优化后的提示词和回复如下。

扫码看教学

提问

如何让培训内容像短视频一样吸引人？

DeepSeek

要让培训内容像短视频一样吸引人，可以参考以下策略。

1. 内容设计

简短精练：将内容拆分为 5～10 分钟的模块，每个模块聚焦一个核心知识点。

引人入胜：用故事、案例或问题开场，迅速抓住用户注意力。

视觉优先：多用图片、图表、动画等视觉元素，减少文字。

互动性强：加入问答、投票、小测验等互动环节，提升参与感。

幽默元素：适当加入幽默，缓解学习压力。

2. 呈现方式

短视频形式：将内容制作成短视频，便于碎片化学习。

直播互动：通过直播进行实时讲解和答疑，增强互动性。

动画演示：用动画解释复杂概念，生动易懂。

情景模拟：通过模拟真实场景，帮助学员更好地应用知识。

游戏化设计：加入积分、徽章等游戏元素，增加学习的趣味性。

3. 平台选择

短视频平台：利用抖音、快手等平台发布培训内容，扩大受众。

在线学习平台：在网易云课堂、腾讯课堂等平台开设课程，系统化学习。

企业内部平台：通过企业微信、钉钉等平台进行内部培训，方便员工学习。

……

▶ **专家指点**

本书所有提问技巧和提示词，在 DeepSeek 手机版和网页版中都是可以通用的。对于不同场景，用户可以根据自己的需求和提问技巧来改写提示词。

第 2 章

深度提问，挖掘 DeepSeek 的潜力

章前知识导读 ▶▶▶▶▶▶▶

在与 DeepSeek 的交互中，简单提问往往只能获得基础答案，而深度提问则可以帮助用户挖掘更精准、专业甚至具有创造性的内容。本章围绕优化提问、智能推理、跨领域融合等方面，探讨如何让 DeepSeek 提供更优质的答案，从而提高其实际应用价值。

效果图片欣赏 ▶▶▶▶▶▶▶

2.1 优化提问：提升交互效果

面对复杂问题，直接提问可能会导致 DeepSeek 的回答过于宽泛。用户可以在进行提问时使用"深度思考（R1）"模式，并适当优化提问结构和方式，从而提升交互效果，使 DeepSeek 的回答更加精准、清晰。本节将为读者介绍多种优化提问的方法。

2.1.1 加入限定：进一步细化主题描述

如果用户在给 DeepSeek 的提示词中已经说明了主题，但依然没有得到理想的回复时，可以进一步细化主题描述，多加入一些限定语言或条件，具体操作方法如下。

扫码看教学

STEP 01 在 DeepSeek 中，开启"深度思考（R1）"模式，输入并发送主题为"宠物文具产品推广文案"的提示词，即可让 AI 深度思考后生成对应的推广文案，相关提示词和回复如下。

> **提问**
> 请提供 3 条关于宠物文具的产品推广文案。

> **DeepSeek**
>
> 1.【学霸萌宠，伴你笔尖】
> 让毛孩子的可爱力承包你的学习时光！笔记本、便利贴、笔袋通通印满治愈系宠物插画，记笔记也能被软萌暴击～自带宠物毛发清洁刷的便签本，边写边撸「云养宠」，打工人学生党必备暖心神器！戳链接，让学习工具秒变治愈加油站！
>
> 2.「爪印计划」文具礼盒——铲屎官的办公仪式感！
> 开会记录用柴犬 PP 鼠标垫，待办清单印着猫爪进度条，回形针竟是骨头＆小鱼造型！每件文具都藏着宠物的小心机，桌面摆满「主子痕迹」，打工摸鱼都有甜蜜借口～礼盒附赠宠物头像定制贴纸，今日下单，免费刻上爱宠大名！
>
> 3. 文具界「人宠双赢」黑科技来袭！
> 能当逗猫棒的荧光笔＋狗零食收纳文具盒～猫咪追着你划重点，狗狗眼巴巴等开箱！可水洗爪印印章，重要日程盖个梅花印，毛孩从此参与你的每个 deadline～谁说养宠耽误工作？这套文具让你人宠协作效率翻倍。第二件半价，人宠 CP 速来组队！

STEP 02 在已发送的提示词左边，单击"编辑消息"按钮 ✎，如图 2-1 所示。

图 2-1 单击"编辑消息"按钮

STEP 03 执行操作后，即可编辑已经发送的提示词，进一步细化主题描述，按 Enter 键或单击"发送"按钮，即可重新发送提示词，让 DeepSeek 根据新的提示词生成文案，相关提示词和回复如下。

> 提问
>
> 请提供 3 条关于宠物文具的产品推广文案，要求：强调宠物元素的创意融合、材质与工艺亮点、情感共鸣与礼物适用性。

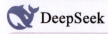 DeepSeek

1.「爪印日记本·暖绒陪伴系列」
「封面嵌入超纤绒布模拟爱宠肚皮触感，内页每张角落印有猫咪肉垫/狗狗爪印浮雕压纹，书写时仿佛抚摸毛孩。进口环保纸张抗洇墨，锁线装订180°平摊书写，记录与TA的温暖日常——让每一页都成为治愈时光的立体相册，送闺蜜/爱宠人士的走心之礼。」

2.「汪星人便签夹·萌力生产力」
「锌合金铸造的柴犬PP造型书夹，尾巴弹簧设计一按即摇，毛绒球鼻头可替换不同表情磁吸配件。底部硅胶防滑不伤桌面，托住待办清单时宛如爱宠监督你认真工作。附赠『好狗牌』金属铃铛U盘——给职场铲屎官的桌面治愈所，开会摸鱼都充满幸福感。」

3.「喵屋旋转笔筒·时光收纳舱」
「三层可旋转亚克力透明舱室，顶层可嵌入爱宠照片，中层分类收纳文具，底层隐藏零食格（主子监工时记得上供）。激光雕刻的屋檐纹路复刻昭和风猫屋造型，转动时触发柔和铃音。环保材质，边缘圆角打磨呵护双手——把对毛孩的宠溺化作桌面的童话城堡，自用暖心，赠礼戳心。」

创意融合：将宠物生理特征（爪印、摇尾巴）转化为功能性设计。
工艺亮点：材质标注认证来源+特殊工艺描述（浮雕压纹/磁吸替换/铃音装置）。
情感共鸣：通过使用场景唤醒「陪伴感」，突出「治愈」「监督」等双向情感联结。
礼物属性：明确标注适用人群，结合实用场景（办公/学习）提升馈赠价值感。

DeepSeek 会根据提示词的主题细化程度给出不同的回复。一般来说，用户输入越为详细的主题描述，得到高效回复的概率会越大。

2.1.2 模仿风格：高效生成特定回复

当用户不知道如何编写提示词以获得 AI 满意的回复时，可以指定自己喜欢的影视人物、动漫人物、作家或文学作品的语言风格，让 DeepSeek 按照这些风格进行模仿，生成更符合特定场景和受众需求的回复。在 DeepSeek 中开启"深度思考（R1）"模式，并通过模仿语言风格进行问答的相关案例如下。

扫码看教学

> 提问
>
> 模仿星巴克文案风格，写一篇咖啡新品宣传文案，突出手工冲泡与风味故事。

第 2 章 深度提问，挖掘 DeepSeek 的潜力

> 【标题】每一滴时光，都藏着一个未说完的故事——「云境手冲」系列，让风味在指尖苏醒
>
> 【正文】
>
> 你是否相信，咖啡豆是土地写给世界的信？
>
> 这个秋天，星巴克匠艺咖啡师以双手为笔，慢火为墨，将散落在安第斯山麓与热带云雾间的风味密码——
>
> 凝成三杯「云境手冲」限定之作。
>
> ▎第一封信：哥伦比亚 晨曦薄雾
>
> 海拔 1900 米的咖啡樱桃，在昼夜温差中窖藏出柑橘蜜糖的柔光。
>
> 我们坚持手工挑选每颗浑圆饱满的豆粒，如同辨认老友的字迹；92℃水温以画圈手势倾注，让浅烘焙的茉莉花香随白雾升腾，尾韵是黑巧与焦糖在舌尖轻轻一碰——
>
> 像山岚掠过晨露未晞的丛林，转瞬即逝，却刻下印记。
>
> ▎第二封信：埃塞俄比亚 星夜古藤
>
> 咖啡故乡的传世原生种，在火山土壤里沉淀了野浆果的莽撞与玫瑰的矜持。
>
> 咖啡师以法兰绒滤布代替金属滤网，让粗粝与细腻在 20 分钟慢萃中悄然和解。第一口是覆盆子裹着红葡萄酒的微醺，回甘时竟翻涌出檀木熏香——
>
> 那是咖啡农在星空下翻动豆筐时，哼了半个世纪的歌谣。
>
> ▎第三封信：云南 云屿秘境
>
> 北回归线上的红土地，终于等来属于自己的风味叙事。
>
> 我们用虎斑珐琅壶模拟山涧流速，看着深褐油脂在瓷杯里晕开山水纹路。野蜂蜜的甜裹着松木烟熏的烈，尾调竟跳出青梅的俏皮——
>
> 一杯喝尽，恍若推开木窗，撞见低族姑娘焙豆时被火光镀亮的侧脸。
>
> 【手冲仪式体验台同步开放】
> ……

这个提示词精炼且富有创意，它明确要求"模仿星巴克文案风格"来创作"咖啡新品宣传文案"，既限定了创作方向，又激发了创作灵感，非常适合需要特定风格文案的场合。

2.1.3 指定受众：回答更加契合需求

同样的话题，面对不同人群时，表达方式、内容深度和用词习惯都会有所不同。例如，一篇面向 CFO（Chief Financial Officer，财务总监）的财报分析，和一篇面向普通投资者的财报解读，侧重点完全不同。

扫码看教学

DeepSeek 可以根据指定的受众群体调整表达方式，精准匹配目标人群，使回答更加契合读者需求，从而提高沟通效率，增强内容影响力，避免无效信息干扰。在 DeepSeek 中开启"深度思考（R1）"模式，并通过指定受众进行问答的相关案例如下。

> 提问
>
> 用耐心、专业的语气，撰写一条针对首次购物者的退货政策解答，避免使用生硬的术语。

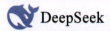 DeepSeek

亲爱的朋友：

欢迎您选择我们的店铺开启第一次购物之旅！为了让您买得放心，我们为您准备了贴心的退换服务。

无忧售后期：签收商品后的 30 天内，如果您对商品不满意或存在质量问题，随时可以联系我们处理（温馨提醒：退换前请先联系在线客服获取指引哦～）。

贴心小提醒：为了顺利办理退换，请您保持商品原包装完整，并保留好商品标签及赠品。特殊商品如贴身衣物、定制商品等除外，详情可以咨询客服小姐姐。

退款承诺：收到退回商品后，我们会在 3 个工作日内完成质检，并通过原支付渠道为您退款（到账时间根据各银行略有不同，通常需要 1～3 个工作日）。

全程陪伴：我们的客服团队每天 9:00 至 21:00 在线，无论是查询进度、咨询流程还是需要操作指导，都可以随时通过 App/ 网站右下角的"联系客服"按钮找到我们。

第一次购物就像拆开惊喜盲盒，我们希望能让您感受到拆礼物的快乐而非顾虑。如果过程中有任何需要，请随时召唤我们的客服小助手，就像咨询一位懂购物的朋友那样自然就好～

祝您在这里发现心仪好物。

[您的店铺名称]服务团队

  DeepSeek 的强大之处在于可塑性，但如果受众范围模糊，生成的内容就会失去焦点。在这个提示词中，明确写明了针对的特定群体为"首次购物者"，并强调语气要"耐心、专业"，同时要求"避免使用生硬的术语"，以此让 DeepSeek 可以生成更高质量、更具针对性的答案。

2.1.4　种子词汇：有效提升答案质量

  "种子词汇"是指能影响 AI 生成结果的关键字或词，在提示词中加入种子词汇，能够引导 AI 聚焦核心内容，避免无关信息，并优化答案的深度和逻辑性。在 DeepSeek 中开启"深度思考（R1）"模式，并通过种子词汇进行问答的相关案例如下。

扫码看教学

提问

请根据种子词汇撰写一篇防晒霜产品的推广文案，字数控制在 500 字以内，种子词汇：物理防晒、轻薄透气、长效防护。

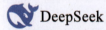 DeepSeek

《肌肤的隐形防护盾：XX 物理防晒霜开启全天候守护时代》

【核心科技 安心之选】

XX 物理防晒霜采用革新性二氧化钛微粒子分散技术，突破传统防晒产品的厚重局限。通过精密配比的氧化锌与二氧化钛双效防护网，形成可反射 98% 紫外线的智慧镜面，实现全波段物理防晒。经皮肤科专家验证的稳定性配方，不添加化学防晒剂，孕妇与敏感肌人群均可安心使用。

【呼吸感防护体验】
创新水分子包裹技术打造的「空气胶囊」质地，接触肌肤瞬间化作轻盈羽衣。每平方厘米超过2000个透气微孔设计，配合控油型透明质酸，形成会呼吸的防晒膜层。实验室实测8小时透气性达医用级纱布标准，告别防晒霜闷痘的困扰，油性肌肤亦可享受清爽防护。

【12小时长效守护矩阵】
独家研发的「智能成膜科技」攻克物理防晒易脱落的痛点。当检测到紫外线强度变化时，防护膜可自动调节紧密度，在运动出汗或水下环境仍保持完整防护结构。经国家质检中心验证，单次涂抹即可实现UVA/UVB持续阻隔12小时，通勤族无须补涂即可抵御早晚双重紫外线高峰。

【多场景应用美学】
采用光学修正粒子技术，防晒同时智能调节肤色光泽度。轻拍成膜的半哑光质感，既可作妆前隔离使用，亦可直接搭配定妆粉打造伪素颜。小巧的真空泵包装适配各种随身包袋，户外补涂时无须担心污染风险，满足都市人群从办公室到健身房的多元场景切换。

XX物理防晒霜重新定义高效防护标准：SPF50＋与PA＋＋＋＋的黄金防护值，通过128道工序精制的「零存在感」配方，让防晒真正成为融入生活的健康习惯。现登录官方商城即享首单赠定制防晒墨镜福利，让您的防护体系再无死角。

> **专家指点**
>
> SPF50和PA都是防晒产品上的重要标识，它们分别代表了防晒产品对中波紫外线UVB和长波紫外线UVA的防护能力。

这个提示词简洁明了，有效地概括了生成推广文案的核心要求。种子词汇"物理防晒、轻薄透气、长效防护"精准定位了产品的核心卖点，为文案创作提供了清晰的方向，有助于快速构思出符合要求的推广内容。

2.1.5 抓住要点：高效沟通直击核心

DeepSeek根据用户提供的提示词来生成文案，因此文案的内容与提示词有关。一般来说，越准确、有针对性的提示词会获得更满意、高效的回复。这就要求用户在编写提示词时应抓住问题的核心和关键点，并将其融入提示词中。

扫码看教学

例如，如果用户需要写一篇推文，不能单纯地将"请写一篇推文"作为提示词输入给DeepSeek，而是应该稍加思考，考虑是否有发布的平台、具体的主题、受众群体和相关的要求等，所有涉及推文的相关内容都可以作为关键信息提供给AI。在DeepSeek中开启"深度思考（R1）"模式，并通过抓住要点进行问答的相关案例如下。

> **提问**
>
> 请帮我撰写一篇面向职场新人的职场技能提升指南，发布平台为小红书，内容是指导职场新人提升职场必备技能，并介绍公司最新推出的职场技能入门课程，要求300字左右。

> **DeepSeek**
>
> 【职场萌新逆袭指南|3招让你快速摆脱学生思维】
> 刚毕业的宝子们看过来！从校园到职场的水土不服怎么破？这篇新人升级攻略请收好
> 核心技能一：高效沟通术
> 不再当"已读不回"社恐人！记住3F法则：
> Fact（描述事实）→ Feeling（表达感受）→ Focus（聚焦解决）
> 例："王哥，这份报表有3处数据异常（事实），担心影响会议决策（感受），需要现在核对吗？（解决）"
> 核心技能二：时间管理矩阵
> 紧急重要四象限＋番茄工作法yyds！推荐用Notion搭建个人工作台（模板可分享）
> 核心技能三：办公软件黑科技
> - Excel 数据透视表10分钟出分析报告
> - PPT 母版设计法让排版效率翻倍
> - Word 文档自动生成目录教程已整理
>
> 特别安利：职场加速训练营
> 我们新推出的《21天职场通关课》包含：
> √ 200＋企业真实案例拆解
> √ 资深HR1v1简历诊断
> √ 办公效率工具包（含52个模板）
> 新人限时9.9解锁（原价199！）
> 刚入职场的焦虑我们都懂
> 与其在茶水间手足无措
> 不如用系统化训练弯道超车
> 戳下方【立即报名】开启你的职场开挂模式吧！

　　DeepSeek 的回答质量取决于用户的提问方式。学会抓住要点，提问时避免模糊、冗长、缺乏信息，可以采用5W1H分析、核心要素＋补充信息结构的方式提问，快速获取精准、高效、符合需求的AI回答，极大提升沟通效率。

2.1.6　固定提示：直接套用进行问答

　　当用户需要指定 DeepSeek 的内容属性时，可以直接套用"你的角色（专业领域）＋你的能力（成果期待）＋我希望你（任务需求）"这个固定提示词，让AI生成用户想要的答案。在 DeepSeek 中开启"深度思考（R1）"模式，并通过套用固定提示进行问答的相关案例如下。

扫码看教学

> **提问**
>
> 你的角色是电商运营专家，你拥有卓越的店铺运营能力和丰富的实战经验，能够为用户提供高效、针对性的运营策略。现在我希望你为一个刚入职的淘宝运营人员提供一些店铺推广方面的建议。

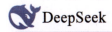

作为电商运营专家，针对淘宝新人的店铺推广，我会从底层逻辑、执行策略和避坑指南3个维度提供系统性建议，帮助新人快速建立推广框架：

一、推广前的底层逻辑准备（70%的推广效果取决于基础建设）

店铺定位金字塔模型：

价格带卡位：通过淘宝搜索框输入核心词，筛选出竞争较小的蓝海价格带（如59～129元区间占比65%）

人群画像交叉验证：结合生意参谋访客分析＋直通车流量解析＋第三方工具（如达摩盘）三重数据校准

视觉差异化公式：首图点击率＝3秒内可识别的利益点（如"买一送三"）+场景化痛点（如针对母婴类目的"防呛奶设计"）

商品分级策略：

爆款矩阵：1个主推款（占50%推广预算）＋2个辅推款（30%）＋1个活动款（20%）

黄金标题公式：核心词（搜索人气＞5000）+属性词（在线商品数＜5万）+蓝海词（转化率＞行业均值1.2倍）

数据基建规范：

建立推广效果追踪表（需包含：小时级花费/点击率/转化率波动）

核心指标看板：收藏率＞8%，加购率＞12%，UV价值＞行业均值30%

二、推广组合拳打法（四维流量矩阵构建）

1. 付费推广组合策略

……

这个提示词设计得非常精准，明确了角色定位和目标受众。首先，它清晰界定了"电商运营专家"的角色，突出了"卓越的店铺运营能力和丰富的实战经验"，增强了可信度。其次，目标明确，针对"刚入职的淘宝运营人员"，提供了具体的需求场景，便于生成实用性强的内容。最后，提示词简洁明了，避免了冗余信息，确保了输出的专业性和针对性，非常适合指导新手运营人员。

2.1.7 多元解答：激发创意拓展思维

用户在向 DeepSeek 提问时，可采用鼓励 AI 给出更详细、更具创意的回复的方式，从而拓展其思维，获得多元解答。

这类提问方式适用于开放性问题，可使用"让我们思考一下……""让我们讨论一下……""还有什么其他的想法吗"等句式。在 DeepSeek 中开启"深度思考（R1）"模式，并进行多元解答的相关案例如下。

扫码看教学

STEP 01 在 DeepSeek 中，开启"深度思考（R1）"模式，输入并发送提示词，让 AI 提供团建活动的创意，相关提示词和回复如下。

> **提问**
>
> 让我们思考一下：关于端午节可以策划哪些有创意的团建活动？

 DeepSeek

以下是为端午节设计的 10 个创意团建活动方案，结合传统文化与现代互动元素，兼顾趣味性与团队协作性，供参考选择：

一、沉浸式文化体验类

1. 《楚辞》沉浸剧场
- 搭建战国场景，员工分角色扮演屈原、渔夫、村民等
- 通过解谜任务还原《离骚》经典片段
- 设置投壶、编五彩绳等古代游戏关卡

2. 非遗工坊日

邀请非遗传承人教学：
- 艾草香囊古法炮制
- 微型龙舟榫卯拼装
- 草木染端午方巾

每组需完成工艺作品并阐述设计理念

二、竞技挑战类

3. 水陆两栖龙舟赛

……

 在同一个窗口中继续输入并发送提示词，DeepSeek 会给出更多的团建活动创意，相关提示词和回复如下。

> **提问**
>
> 感谢解答，这些建议给了我一些新思路，还有什么其他的想法吗？

 DeepSeek

很高兴这些思路对你有启发！以下是更多进阶版创意活动方案，结合跨界思维与深度体验设计，在文化传承与团队碰撞间寻找新可能。

六、虚实共生类

11. 端午平行时空剧本杀

背景设定：现代团队穿越回战国，需通过完成屈原精神内核的现代转化才能返回

机制亮点：
- 文物拟人化 NPC（非玩家角色，如青铜剑 AI 语音导览）
- 用 OKR（目标与关键成果法）工具制定"拯救楚国"计划
- 终局辩论：传统文化守护 VS（对阵）现代化改造

12. 赛博龙舟 AR（增强现实技术）寻宝

在办公园区 / 公园布置虚实结合关卡：

- 扫描现实物体触发虚拟任务（如垃圾桶变「汨罗江污染源治理」）
- 通过体感动作收集「正气值」驱动龙舟
- 隐藏 BOSS（最终敌人或难关）战：用粽子炮弹击退「躺平病毒」

七、极限挑战类

13. 48 小时端午创变营

挑战命题：如何让 Z 世代爱上端午节？

进程设计：

……

这组提示词极具启发性，巧妙激发了 DeepSeek 对端午节团建活动的创意探索。它不仅引导人们深入思考传统节日与现代团建的融合，还鼓励开放思维，寻求更多新颖有趣的活动方案。这种提问方式促进了创意碰撞，为策划独特、有意义的团建活动提供了宝贵灵感，展现了积极寻求创新与多样性的良好导向。

2.1.8 多个选项：让 AI 做选择题

当用户希望 DeepSeek 生成更具针对性的回复时，可以通过提供多个选项进行提问，类似于让 AI 做选择题，AI 会选择其中一个选项，并给出答案的解析。在 DeepSeek 中开启"深度思考（R1）"模式，并提供多个选项进行问答的相关案例如下。

扫码看教学

提问

我想通过写作提升创作能力并获得收益，但我的文笔和积累量都不是很好，而且我对写作有敬畏感。请从以下写作类型中选出适合我的一种，并说明原因。

写作类型有：1. 短篇小说；2. 长篇小说；3. 微电影剧本；4. 短剧剧本；5. 新媒体文案。

DeepSeek

根据你的情况（文笔和积累量不足、对写作有敬畏感、希望快速提升能力并获得收益），短剧剧本（选项 4）是最适合你的选择，具体原因如下。

1. 低门槛，易上手

体量轻：单集时长 1～3 分钟（500～1000 字），无须复杂世界观或人物成长弧线，适合碎片化创作。

结构简单：遵循"冲突→反转→留钩子"的固定节奏，可通过模板化训练快速掌握（如"误会梗""打脸梗"）。

弱化文笔：依赖强情节和口语化对白，对辞藻要求低，只需清晰传达情绪和冲突。

2. 市场需求明确，变现路径短

短视频平台刚需：抖音、快手等平台短剧日活用户超 5 亿，MCN（多频道网络）机构和广告主持续收购剧本（单集报价 50～500 元）。

> 投稿渠道透明：可直接投稿至平台短剧频道（如抖音"新番计划"）、第三方剧本交易平台（如"剧本云"），或参与平台创作活动（如快手"星芒计划"）。
> 可复用性强：成功短剧可延伸为系列 IP，后续创作成本递减。
> **3. 快速积累创作经验**
> 高频试错：单集创作周期短（1～3 天），可快速验证观众反馈（完播率、点赞量），迭代优化能力。
> 模块化训练：可拆解为"选题→冲突设计→台词打磨→钩子设置"分项练习，针对性提升薄弱环节。
> 素材复用日常灵感：生活中的矛盾（如职场冲突、家庭代沟）可直接转化为剧情，降低积累压力。
> 其他选项的局限性分析
> ……

这个提示词清晰明确，目标导向强，既表达了"提升创作能力并获得收益"的需求，又坦诚了写作短板和敬畏感，展现了真诚的态度。同时，提供了具体的写作类型选项，便于 AI 提供针对性的建议，其结构合理，逻辑清晰，便于生成有效回答。

2.2　智能推理：让答案更有条理

AI 的强大不仅体现在提供事实信息，还体现在逻辑推理和系统性思考。许多用户在使用 AI 时，常常会遇到回答过于片面、缺乏逻辑性、结构松散等问题。要想让 DeepSeek 的回答条理清晰，必须掌握智能推理技巧，让 AI 像人类专家一样，给出严密、有逻辑的解答。本节将为读者介绍让 DeepSeek 的回答更具有条理性的智能推理提问技巧。

2.2.1　因果推理：穿透现象直达本质

很多时候，AI 生成的回答虽然看似详尽，却往往停留在表面，缺乏深入的逻辑链条。许多用户在提问时，仅得到一堆现象堆砌的答案，而非真正的因果关系解析。要解决此问题，必须掌握因果推理提问技巧，让 DeepSeek 的回答具备逻辑深度，能够穿透现象直击本质。在 DeepSeek 中开启"深度思考（R1）"模式，并通过因果推理进行问答的相关案例如下。

扫码看教学

> **提问**
> 请分层分析短视频爆火的因果关系，从"算法推荐－用户心理－社交传播"3 个层次进行递进推理。

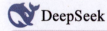

> 短视频的爆火是算法推荐、用户心理与社交传播三者协同作用的结果，三者形成"精准触达－成瘾循环－裂变扩散"的闭环链路。以下从技术驱动、心理强化到社会扩散的逻辑分层解析。

> **第1层：算法推荐——内容分发的技术引擎**
> 核心机制：
> - 数据画像与即时反馈：通过用户点击、停留时长、完播率等行为数据构建偏好模型，结合协同过滤（如"看过A的人也喜欢B"）实现千人千面推送，解决信息过载问题。
> - 多巴胺调控实验：A/B测试不断优化推送策略，例如"15秒即时爽点"设计（如反转剧情、高潮前置），确保每3～5条视频出现一次强刺激，延长用户使用时长。
> - 冷启动破圈：通过"热度加权"（如抖音热门标签）和跨圈层试探性推送（如向文艺用户推送萌宠内容），突破兴趣茧房限制。
>
> 典型案例：
> 抖音"挖呀挖"儿歌通过算法识别魔性节奏和用户重复播放行为，迅速从幼教圈层扩散至全平台。
>
> **第2层：用户心理——行为强化的底层逻辑**
> 心理动因：
> - 即时反馈陷阱：短视频的"滑动即奖励"机制激活大脑伏隔核，形成操作性条件反射（类似斯金纳箱实验），用户无意识重复"刷新—观看"动作。
> - 认知节能倾向：短视频以图像叙事替代文字思考，符合大脑"认知吝啬鬼"本能，碎片化时间被转化为"电子奶瓶"式填充。
> - 虚拟代偿效应：通过观看旅行、美食类内容获得替代性满足（如"云体验"），或在评论区的虚拟社交中缓解现实孤独感（如弹幕文化）。
>
> 行为数据：
> 快手用户日均启动次数超15次，单次使用超30分钟即触发"时间扭曲"效应（用户主观感知时长比实际缩短40%）。
>
> **第3层：社交传播——裂变扩散的网络效应**
> 传播路径：
> ……

让DeepSeek具备因果推理能力，需要在提示词中引导其构建"原因→过程→结果"的逻辑链条，而非简单罗列因素。此提示词运用递进提问方式，层层递进地让DeepSeek拆解多层因果关系，使回答结构清晰，避免了信息零散堆砌。此外，用户还可使用反向提问方式，从结果推到原因，先告知DeepSeek某事件的结果，再让其根据某个逻辑进行拆解，分析可能的深层次原因。

2.2.2 预判未来：反事实推演洞察趋势

反事实推演不仅能预测趋势，更能洞察不同决策路径的影响。用户可通过假设推理、逆向推演、多路径模拟等方式进行反事实推演提问，让DeepSeek的回答更具前瞻性，为商业、科技、政策等领域提供更精准的未来洞察。在DeepSeek中开启"深度思考（R1）"模式，并通过预判未来进行问答的相关案例如下。

扫码看教学

提问

如果未来5年内，主要国家因政策限制未能普及5G，会对全球科技行业产生哪些影响？

DeepSeek

如果未来5年内，主要国家因政策限制未能普及5G，全球科技行业将面临多维度的影响，涵盖技术发展、经济格局、行业应用和国际合作等方面。以下是具体分析。

1. 技术发展放缓与替代路径兴起

5G生态受阻：

- 电信设备商（如华为、爱立信、诺基亚）收入下降，研发投入减少，导致5G技术迭代和网络优化速度放缓。
- 依赖5G的配套技术（如边缘计算、网络切片）发展受限，可能推迟6G研发进程。

替代技术加速：

- 4G LTE Advanced的优化可能延长生命周期，部分填补5G空白。
- 卫星互联网（如Starlink、OneWeb）在偏远地区或政策受限国家获得更多应用。
- Wi-Fi 6/7的部署加快，成为室内或局域场景的补充方案。

2. 产业链与经济影响

半导体与硬件需求变化：

- 5G芯片（如基带芯片、毫米波组件）需求降低，影响高通、三星、台积电等企业营收，但可能推动其他领域芯片（如AI、物联网）的研发。
- 手机厂商被迫延长4G手机生命周期，高端机型创新（如AR/VR、实时云服务）因网络限制推迟。

经济潜力延后：

- 麦肯锡预估5G到2030年可为全球经济贡献1.3万亿美元，政策限制可能导致这一增长延迟。
- 依赖5G的新兴行业（如智慧城市、工业4.0）发展受限，影响就业和技术商业化进程。

3. 行业应用场景受限

关键领域延迟：

……

要让DeepSeek具备反事实推演能力，就需要精准引导它在提示词中构建"假设事件→变量调整→未来推演"的逻辑链条，而不是单纯罗列可能性。这种提示词通过假设推理设想"如果某个关键事件没有发生或发生了变化，未来会如何演变？"，改变关键变量，测试可能结果，避免了DeepSeek给出千篇一律的"趋势总结"，而是分析假设场景对未来的影响。

2.2.3 悖论破解：解决矛盾型复杂问题

很多矛盾问题，往往无法用简单的"对或错"来解决。人们常常认为某些问题必须二选一，例如"提高薪资"会降低利润，"提高效率"会牺牲工作质量。但实际上，很多问题并非简单的对立关系，而是可以通过优化结构、调整变量、改变思维方式来找到两者兼顾的方案，这就是悖论破解。

扫码看教学

DeepSeek可以通过悖论破解式思维识别隐藏变量、逆向推演极端情况。掌握这种提问技巧，可以让DeepSeek的回答更具深度和实际价值。在DeepSeek中开启"深度思考（R1）"模式，并运用悖论破解思维进行问答的相关案例如下。

请假设一家数码科技公司在扩张市场时不允许增加运营成本，分析它仍然可以使用的增长策略，并列举商业案例。

DeepSeek

在运营成本受限的情况下，数码科技公司可以通过以下策略实现市场扩张，结合资源优化、杠杆效应和商业模式创新。以下是具体策略及对应商业案例。

1. 病毒式增长（Viral Growth）

策略：通过产品设计激励现有用户主动推荐新用户，形成自传播循环。

案例：

Dropbox：用户每邀请一名好友使用Dropbox，双方均可获得额外免费存储空间。通过这一机制，Dropbox的用户基数在15个月内从10万增长到400万，无须额外广告支出。

Zoom：免费用户可通过生成专属链接邀请他人加入视频会议，自然推动用户增长。

2. 产品驱动的增长（Product-Led Growth, PLG）

策略：以产品本身为核心增长工具，通过免费增值（Freemium）模式或用户体验优化吸引用户。

案例：

Slack：初期免费提供基础功能，用户因协作需求自发邀请团队成员加入，付费转化率随团队规模扩大而提升。

Canva：免费提供设计模板吸引个人用户，企业用户为高级模板和协作功能付费。

3. 平台化与生态合作

策略：开放平台接口，吸引第三方开发者或品牌入驻，通过分成模式共享收益。

案例：

Shopify：允许开发者为其电商平台开发插件（如支付、物流工具），平台从中抽成，自身无须承担开发成本。

苹果App Store：开发者支付30%收入分成，苹果无须直接投入应用开发即可扩大生态。

4. 数据货币化（Data Monetization）

策略：通过分析用户数据生成洞察或提供精准广告服务，而非直接销售数据。

案例：

Google：免费提供搜索、邮箱等服务，收集用户行为数据优化广告投放，广告收入占总收入80%以上。

Waze：通过用户实时路况数据为其他企业（如物流公司）提供路线优化服务。

……

在AI提示词的设计上，要避免"二选一"式的提问，而是引导AI找到综合性方案。例如，让DeepSeek提供可借鉴的商业案例，而非泛泛而谈；也可以让DeepSeek从极端情况倒推，找到突破口。

2.2.4 多角度论证：提升答案的可信度

在信息爆炸时代，仅凭单一角度得出的结论常缺乏说服力，甚至可能导致片面理解。尤其在商业决策、学术研究、政策分析等领域，结论的可信度取决于其论证的广度与深度。通过让 DeepSeek 进行多角度论证，可确保答案更全面、客观、权威，避免片面结论。在 DeepSeek 中开启"深度思考（R1）"模式，并通过多角度论证进行问答的相关案例如下。

扫码看教学

> **提问**
> 请从"沟通方式、团队文化、技术工具、目标管理"4个方面，分析如何提升团队协作，并提供可执行建议。

> 提升团队协作需要从系统性角度优化关键环节，下面从4个维度提供分析框架及可执行方案。
> **一、沟通方式：打破信息孤岛，建立立体化沟通网络**
> 问题诊断：
> 信息滞后、会议低效、跨部门壁垒是常见痛点。
> 解决方案：
> 1.分层沟通机制
> - 战略层：月度全员会议同步公司战略（使用Zoom直播＋会后QA（Quality Assurance，质量保证）文档沉淀）。
> - 执行层：每日15分钟站会（远程团队用Slack异步更新＋早会重点讨论卡点）。
> - 创新层：每周"无层级脑暴会"（使用Miro白板工具记录，匿名投票选出前3个创意）。
> 2.异步沟通标准化
> - 非紧急需求强制使用文档，禁止碎片化信息轰炸。
> - 邮件主题标注【需决策/紧急度】，减少信息处理成本。
> 3.跨部门协作沙漏模型
> - 设立"接口人"角色（每部门1名，轮岗制），负责需求过滤与优先级对齐。
> - 使用Confluence建立跨部门项目Wiki，关键决策留痕可追溯。
> **二、团队文化：构建心理安全感驱动的协作生态**
> ……

在设计多角度论证提示词时，应强调多角度、多层次、多视角分析，以下是3种优化策略。

（1）设定分析维度，确保答案完整。在提问时，明确需要AI从哪些维度分析，防止其给出笼统、单一的回答。

（2）设定支持和反对视角，减少偏见。当一个问题存在争议时，让AI分别从支持方和反对方的视角进行论证，以避免答案过于片面。

（3）结合历史与趋势，增强答案权威性。让 AI 回答时结合历史案例和未来趋势预测，提升答案的权威性和前瞻性。

2.2.5 多路径模拟：不同情境测试最优解

在复杂决策中，单一的推理路径往往难以得出最优答案。现实问题通常没有唯一解，而是受环境、资源、约束条件等因素的影响。此时，可以利用 DeepSeek 进行多路径模拟，从不同情境测试可能的解决方案，评估其优劣势，从而找到更优解。在 DeepSeek 中开启"深度思考（R1）"模式，并通过多路径模拟进行问答的相关案例如下。

扫码看教学

提问

假设公司预算有限，且希望最快 6 个月内完成融资，请分别模拟风投融资、银行贷款、股权众筹 3 种方案，并对比它们的优劣势。

DeepSeek

以下是对风投融资、银行贷款、股权众筹三种方案的模拟及优劣势对比，结合公司预算有限且需 6 个月内完成融资的核心需求。

方案一：风险投资（VC）融资

模拟流程与时间节点：

第 1～2 个月：商业计划书完善、财务模型搭建、核心团队组建；接触早期投资人（天使/种子轮）或通过人脉推荐加速对接。

第 3～4 个月：密集路演、初步投资意向谈判；签订 Term Sheet（条款清单）。

第 5～6 个月：尽职调查（压缩至 3～4 周）、法律文件签署、资金到账。

成本与成功率：

成本：法律及财务顾问费用（5～10 万美元）。

成功率：低（10%～20%，依赖团队背景、赛道热度）。

优势：

大额资金注入（通常 100 万到千万级美元），支持快速扩张。

投资人带来行业资源、战略指导。

无还款压力，资金用于长期发展。

劣势：

股权稀释（20%～30%）、可能丧失部分控制权。

流程复杂，时间不可控（6 个月需极强推进力）。

……

在设计多路径模拟提示词时，需要明确多条路径的对比分析，以下是 3 种优化策略。

（1）明确多种解决方案的路径。让 DeepSeek 在回答问题时，不止提供一种方案，而是模拟多种可能路径，并分析其优劣势。

（2）设置约束条件，筛选最优路径。不同决策路径会受到预算、时间、资源等因素制约，可以让 DeepSeek 在约束条件下筛选最佳方案。

（3）增加动态因素。很多决策会受外部环境影响，如市场变化、政策调整等，可以让 DeepSeek 模拟不同情境下的解决方案，预见潜在风险，提前规划应对策略。

2.2.6 证据链构建：培养侦探式推理逻辑

AI 生成的回复内容往往容易片面化、缺乏逻辑严密性。要提升回复内容的说服力和精准度，必须像侦探一样构建证据链，即通过线索收集、因果分析、逻辑推理、事实验证等方式，形成一条严密的推理路径。在 DeepSeek 中开启"深度思考（R1）"模式，并通过证据链构建进行问答的相关案例如下。

扫码看教学

提问

请基于"生产制造、能耗使用、废弃回收"3 个维度，构建证据链，推理分析电动车相较于燃油车的环保性。

DeepSeek

基于生产制造、能耗使用、废弃回收 3 个维度，通过全生命周期分析（LCA）构建电动车与燃油车环保性对比的证据链如下。

1. 生产制造阶段

电动车（EV）

电池生产：锂电池制造需开采锂、钴、镍等金属，采矿过程产生高能耗（60～100kg CO_2/kWh 电池容量）和生态破坏（如水源污染）。

材料加工：电池正极材料合成（如三元锂）依赖高温工艺，碳排放较高；车身轻量化（铝材）能耗高于传统钢材。

综合数据：生产阶段碳排放比燃油车高 30%～70%（以中型车为例，EV 生产碳排放 8～12 吨 CO_2，燃油车 5～7 吨 CO_2）。

燃油车（ICEV）

发动机与变速箱：传统内燃机依赖钢铁铸造，工艺成熟但材料密度高，生产能耗集中于金属冶炼。

供应链成熟：燃油车供应链碳排放已通过规模化降低，但尾气处理系统（如催化转化器）含铂族金属，开采污染较高。

对比结论：电动车生产阶段碳排放显著高于燃油车，主要集中于电池制造环节。

2. 能耗使用阶段

电动车（EV）

能源效率：电动机效率（85%～90%）远高于内燃机（20%～35%），每公里能耗约为燃油车的 1/3～1/4。

电力来源敏感性：

清洁电力（如风电、光伏）：每公里碳排放可低至 10～20g CO_2/km；

煤电主导（如中国、印度）：碳排放升至 80～120g CO_2/km。

全生命周期均值：全球平均电网下，电动车全使用周期碳排放 50～80g CO_2/km。

燃油车（ICEV）

……

运用侦探式推理逻辑思维，不仅能在提问时提高 DeepSeek 的回答质量，还能帮助用户在现实决策中更精准地分析问题、制定最佳方案。在提示词中，可以明确要求 DeepSeek 按"线索→因果分析→逻辑推理→事实验证"4 个层级回答；为了让回答更具说服力，还可以在提示词中明确要求 DeepSeek 引用权威数据或研究。

2.3 跨领域融合：打破知识边界

人工智能的发展不仅涉及计算机科学，还与哲学、伦理、经济学等多个领域息息相关。因此，如果 DeepSeek 的回答局限于某一领域，就可能导致视角单一，缺乏深度和创新性。

为了提升 DeepSeek 的实用价值，必须学会跨领域提问，打破知识边界，使其能够结合多个学科的视角进行综合分析。本节将详细介绍如何优化提示词，帮助 DeepSeek 实现跨领域融合知识，使回答更加全面且深刻，并提供实战案例分析。

2.3.1 跨领域查询：整合不同学科的知识

跨领域查询能够帮助 AI 整合不同学科的知识，使回答更加全面、深入，并提供创新性的解决方案。在 DeepSeek 中开启"深度思考（R1）"模式，并通过跨领域查询进行问答的相关案例如下。

扫码看教学

提问

请结合"市场营销、心理学、能源经济学、政府政策"4 个领域，探讨提高新能源汽车市场接受度的方法。

提高新能源汽车市场接受度需要整合市场营销、心理学、能源经济学和政府政策等多学科策略，通过协同效应降低消费者感知风险、增强经济性并构建可持续的消费生态。以下是具体方法框架。

一、市场营销：重构消费者价值认知

精准场景化传播

针对不同人群(如环保主义者、科技爱好者、家庭用户)设计差异化卖点(续航、智能驾驶、家庭安全)。

采用"全生命周期成本计算器"工具，直观对比燃油车与新能源车的长期使用成本。

体验经济驱动决策

在城市商圈设立"新能源车体验中心"，结合 VR 技术模拟长途驾驶与充电场景，缓解续航焦虑。

推出"7 天无理由退换车"政策，降低试错心理门槛。

跨界生态联盟

与充电桩企业、光伏公司、智能家居品牌合作，打包销售"低碳生活解决方案"（如购车送家庭充电桩＋屋顶太阳能板折扣）。

二、心理学：突破认知偏差与情感锚点
损失规避框架重塑
将补贴政策宣传为"避免未来燃油车限行损失"，而非单纯收益（如"现在购车省10万元"改为"未来5年免受限行罚款5万元"）。
社会规范植入
在社区设置"绿色出行指数排行榜"，通过社群压力推动从众效应。
邀请明星车主拍摄纪录片《我的零碳日记》，强化环保身份认同。
渐进式承诺策略
推出"分阶段拥车计划"：先以低成本租赁电池，再逐步升级为整车购买。
三、能源经济学：重构成本收益模型
动态电价＋车网互动（V2G）
……

在这个提示词中，明确要求 AI 从"市场营销、心理学、能源经济学、政府政策"4个不同的领域探讨提高新能源汽车市场接受度的解决方案。这有助于 DeepSeek 突破思维边界，找到最优答案。除此之外，用户还可以让 AI 进行跨领域对比，让 AI 提供更有深度的分析，找到最佳方案。

2.3.2 类比迁移：用旧知识解决新问题

在面对未知问题时，如何快速找到解决方案？类比迁移是一种高效的思维方式。它通过将熟悉的概念应用到新领域，帮助人们打破知识壁垒，找到创新性的解决思路。

如果 DeepSeek 在回答问题时仅依赖已有知识而不进行迁移思考，往往会陷入机械化回答，缺乏创造力。而类比迁移可以启发 DeepSeek 从已有知识中提取结构和模式，帮助用户找到更具深度和可行性的解决方案。在 DeepSeek 中开启"深度思考（R1）"模式，并通过类比迁移思维进行问答的相关案例如下。

扫码看教学

提问

请用"传统图书馆与去中心化电子书网络"进行类比，解释区块链的去中心化概念。

DeepSeek

我们可以用"传统图书馆与去中心化电子书网络"的类比来生动解释区块链的去中心化特性。

1. **数据存储方式**
传统图书馆：所有藏书集中在实体建筑中，由管理员统一保管。
电子书网络：每本书被拆分成加密碎片，分散存储在全球用户的设备中。
（类比区块链数据分布式存储，每个节点保存完整账本）

2. **修改权限**
传统图书馆：管理员可单独修改借阅记录或销毁书籍。
电子书网络：任何内容修改需51%以上用户投票通过，修改记录全网可见。
（体现区块链的共识机制和不可篡改性）

3. 透明性与追溯

传统图书馆：读者无法查看他人的借阅历史。

电子书网络：每本书的创作、修改、流转记录永久可查。

（对应区块链的公开账本和交易溯源特性）

4. 抗审查能力

传统图书馆：政府可强制下架禁书。

电子书网络：除非全球同时断网，否则内容无法被删除。

（展现去中心化网络的抗审查特性）

5. 容错能力

传统图书馆：火灾可能导致全部藏书损毁。

电子书网络：即使部分设备损坏，数据仍可从其他节点恢复。

……

类比迁移是一种强大的思维方式，它能够使 DeepSeek 将过往的知识应用到全新领域，帮助用户找到更加具活力、更易理解且更具创新性的解决方案。在面对全新问题时，不妨尝试用类比迁移思维优化提示词，引导 DeepSeek 用过去的知识解决未来的挑战！

2.3.3 多角度拆解：获得更完整的视野

在复杂问题面前，单一视角往往难以得到全面的答案。尽管 DeepSeek 的 AI 回答能力非常强大，但如果用户的提问缺乏结构，AI 可能只会给出片面的回复，导致答案不够深入或失之偏颇。在 DeepSeek 中开启"深度思考（R1）"模式，并通过多角度拆解进行问答的相关案例如下。

扫码看教学

提问

请分别从"收入稳定性、成长速度、个人自由度、资源支持和失败风险"五个维度对比"创业"和"加入大公司"的优缺点。

DeepSeek

以下是关于"创业"与"加入大公司"在五个维度的对比分析，结合优缺点总结。

1. 收入稳定性

创业

优点：成功后可能实现指数级收入增长（如股权变现、利润分成）。

缺点：早期收入极不稳定，可能长期无收入甚至负债，依赖融资或现金流。

加入大公司

优点：固定薪资＋福利（社保、奖金等），收入可预测，风险低。

缺点：收入增长线性（依赖职级晋升或跳槽），难以突破行业薪资天花板。

2.成长速度

创业

优点：通才式成长（需同时掌握管理、财务、产品等技能），抗压能力、决策能力快速提升。

缺点：缺乏系统性指导，试错成本高，可能因方向错误浪费资源。

加入大公司

优点：专业化成长（垂直领域深耕），有成熟培训体系和 mentorship（导师制）。

缺点：成长受限于岗位职责，可能陷入重复性工作，视野局限。

3.个人自由度

创业

优点：完全自主决策（业务方向、工作时间、团队文化）。

缺点：责任捆绑（需对结果负全责），实际自由度可能被生存压力挤压（如 24/7 待命）。

加入大公司

优点：工作与生活相对平衡，职责边界清晰（按岗位说明书执行）。

……

在使用 DeepSeek 进行多角度拆解提问时，优化提示词的关键技巧包括：明确需要分析的多个维度；引导 AI 对比不同角度的优劣势；从不同角色的视角进行分析。

2.3.4 知识图谱：构建专业的认知框架

在面对复杂问题时，碎片化信息往往导致理解断层，影响决策质量。尽管 DeepSeek 能够提供精准答案，但如果用户的提问方式不够系统，AI 的回复可能仍然局限于片面分析，缺乏层次和整体性。

扫码看教学

知识图谱是一种结构化方法，它通过建立概念间的联系，形成系统化的认知框架，帮助 AI 提供更专业、更深入的解答。在 DeepSeek 中开启"深度思考（R1）"模式，并通过知识图谱进行问答的相关案例如下。

提问

请根据知识框架，整理一份关于"摄影入门"的学习路径，包括基础知识、拍摄技巧、常见应用场景、遇到的困难及解决方法 4 个部分。

DeepSeek

以下是关于「摄影入门」的系统化学习路径整理，涵盖基础知识、拍摄技巧、常见应用场景及问题解决方案，帮助新手快速掌握核心技能。

一、基础知识

器材认知

相机类型：单反、微单、卡片机、手机摄影特点。

镜头分类：广角、标准、长焦、定焦与变焦。

配件：三脚架、滤镜（UV/ND/CPL）、存储卡与备用电池。

> 曝光三要素
> 光圈（f值）：数值越小虚化越强（f/1.8 vs f/16）。
> 快门速度：高速快门冻结动作（1/1000s），慢门记录轨迹（1/15s以下）。
> ISO感光度：低ISO画质纯净，高ISO应对暗光但产生噪点。
> 构图原理
> 基础法则：三分法、对称构图、引导线、留白。
> 进阶思维：色彩对比、层次感（前景/主体/背景）、打破规则的创意构图。
> 光线运用
> 自然光：黄金时刻（日出/日落前1小时）、柔光与硬光。
> 人造光：闪光灯补光、反光板使用技巧。
> ……

很多问题并非孤立存在，例如"人工智能的影响"涉及技术、社会、伦理、经济等多个层面，知识图谱能让AI综合考虑各种因素，构建系统化的知识框架，而非简单列举信息。在本案例中，明确要求AI从"摄影入门"的"基础知识、拍摄技巧、常见应用场景、遇到的困难及解决方法"这4个已有的知识框架中补充细节，使AI的回答更加系统化，适合长期学习和知识积累。这有助于避免信息杂乱无章，提升学习效率。此外，用户还可以在提示词中添加产业链逻辑词，让AI分层次、分领域补充逻辑关系，填补知识空白。

2.3.5 术语翻译：跨行业无障碍沟通

在不同领域之间交流时，术语壁垒往往成为信息传递的障碍。例如，当AI工程师谈论"梯度下降"时，市场营销人员可能难以理解其含义，而当医学专家提到"基因编辑"时，法律从业者可能无法精准把握其伦理影响。这种信息鸿沟不仅影响沟通效率，还可能导致误解和错误决策。

扫码看教学

DeepSeek的术语翻译功能可以帮助用户在不同领域、不同专业背景下实现精准转换，确保信息传递准确、易懂。在DeepSeek中开启"深度思考（R1）"模式，并通过术语翻译进行问答的相关案例如下。

提问

请将医学术语"医疗过失"转换成法律术语，并解释其法律意义。

DeepSeek

将医学术语"医疗过失"转换为法律术语，对应的概念是"医疗过错"。
法律意义分析：
医疗过错是法律体系中用于界定医疗服务提供者责任的核心概念，其法律意义主要体现在以下层面。

> 1. 侵权责任构成要件
> 注意义务违反：医务人员违反诊疗规范中的"合理注意义务"，未达到同类专业人员在相同情境下应具备的谨慎标准（《民法典》第1218条）。
> 损害结果关联性：需证明过错行为与患者损害结果存在直接因果关系。
> 过错形态认定：包括故意和过失两种主观状态，司法实践中过失认定需结合《医疗纠纷预防和处理条例》第15条规定的具体情形。
> 2. 法律适用体系
> 民事责任层面：构成《民法典》侵权责任编中的特殊侵权责任，适用过错推定原则。
> 行政责任层面：可能触发《执业医师法》第37条规定的行政处罚。
> 刑事责任层面：严重过失导致就诊人死亡的情形，可能涉嫌《刑法》第335条规定的医疗事故罪。
> 3. 司法认定标准
> 采用"专业判断＋一般理性人"双重标准：既参照《医疗质量安全核心制度要点》，也需符合社会普遍期待。
> 举证责任倒置：医疗机构需自证无过错（《民事证据规定》第6条）。
> ……

在医学、法律、科技等行业，术语往往有严格的定义。如果翻译不当，可能导致决策失误。例如，法律术语"due diligence"在金融行业意味着"尽职调查"，但在普通语境下可能被误解为"勤奋工作"。

在设计 AI 提示词进行术语翻译时，可以通过指定目标受众，让术语翻译更贴合行业需求；也可以让 AI 分层次解释，提高术语普及性。例如，专业版适合行业人士，通俗版适合普通人，比喻版适用于日常生活举例。此外，还可以让 AI 进行术语对照翻译，确保专业性。例如，在本案例的提示词中，要求 AI 将医学术语对照翻译为法律术语。

2.4 本章小结

本章深入探讨了如何深度提问 DeepSeek，挖掘 DeepSeek 的潜力。首先，为读者介绍了在 DeepSeek 中优化提问，提升交互效果的提问技巧；然后介绍了使用 DeepSeek 进行智能推理的问答技巧；最后介绍了使用 DeepSeek 进行跨领域融合的问答技巧。通过合理设计 AI 提示词，可以让 DeepSeek 提供更符合需求的答案。

2.5 课后实训

鉴于本章内容的重要性，为了帮助读者更好地掌握所学技能，本节将通过课后实训，帮助读者进行简单的知识回顾和补充。

扫码看教学

实训任务：选择一个专业术语，要求 DeepSeek 翻译成不同受众能理解的语言。例如，开启"深度思考（R1）"模式，要求 DeepSeek 用物理学家版、普通人版、小学生版 3 种方式对"量子计算"进行术语翻译，相关提示词和回复如下。

请用 3 种方式解释"量子计算"：1. 物理学家版；2. 普通人版；3. 小学生版

1. 物理学家版

量子计算是基于量子力学原理构建的新型计算范式，核心利用量子态的叠加性（superposition）和纠缠性（entanglement）实现并行信息处理。量子比特（qubit）通过希尔伯特空间的态矢量描述，可同时处于 $|0\rangle$ 和 $|1\rangle$ 的线性组合态，使量子算法（例如 Shor 算法、Grover 算法）在特定问题上指数级超越经典计算。通过酉变换（量子门）操作量子态，结合量子纠缠的非定域关联，量子计算可高效解决经典难解问题（例如大数质因数分解、量子多体系统模拟），其物理实现需克服退相干（decoherence）与量子纠错等技术挑战。

2. 普通人版

量子计算就像用"魔法算盘"做数学题。普通计算机用 0 或 1 的开关来工作，而量子计算机的"开关"可以同时是 0 和 1（类似同时转动的硬币），还能让多个开关瞬间联动（就像心灵感应的骰子）。这种特性让它能同时尝试所有可能的答案，特别适合破解复杂密码、设计新药或预测天气。不过它现在还像实验室里的精密仪器，需要极端低温且容易出错，科学家们正在努力让它变得实用。

3. 小学生版

想象你有一把能分身的魔法钥匙！普通钥匙一次只能试一个锁眼，但魔法钥匙可以变成好多把，同时试所有锁眼，马上找到正确的那把。量子计算机就是这样用"分身术"快速解决难题的科学家助手，它能帮助我们找到治病的药丸配方，或者设计超酷的未来汽车。不过这个魔法现在还怕"热"，得放在冰箱里才能工作哦！

第 3 章

办公提效，打造高效执行力

章前知识导读 ▶▶▶▶▶▶▶

在快节奏的工作环境中，高效的执行力是提升个人与团队竞争力的关键。然而，烦琐的文档处理、低效的管理流程以及数据分析的滞后往往成为效率提升的绊脚石。DeepSeek 作为智能 AI 助手，可以通过智能排版、文档摘要、任务拆解、数据分析等功能，有效解决这些问题，帮助用户从烦琐的操作中解放出来，专注于更具价值的工作内容。本章将从文档处理、管理升级、数据分析 3 个方面，深入探讨 DeepSeek 如何提升办公效率。

效果图片欣赏 ▶▶▶▶▶▶▶

3.1 文档处理：从烦琐到高效

文档处理是职场人士日常工作的重要组成部分，但烦琐的格式调整、信息提炼、多语言协作等问题，往往消耗大量时间。DeepSeek 的智能文档处理能力，能够帮助用户快速优化格式、提炼核心信息、智能改写内容、自动生成目录，甚至进行高质量的多语言翻译，能大幅提升文档处理效率。本节将为读者一一介绍 DeepSeek 的智能文档处理能力。

3.1.1 智能排版：告别格式调整烦恼

在日常办公中，文档格式调整是一项令人头疼的任务。无论是报告、合同，还是市场分析文档，很多人都会遇到字体不统一、排版混乱、段落对齐不规范、层级关系不清晰等问题，手动调整不仅费时费力，还容易出错。虽然 DeepSeek 目前无法直接完成排版，但它可以辅助用户生成规范化文本，并提供格式化建议，极大减少排版工作量，让文档符合专业标准，告别格式调整的烦恼。

扫码看效果

例如，某市场经理需要撰写一份市场分析报告，内容已经整理完毕，但文本格式混乱，缺少逻辑清晰的结构。他希望 DeepSeek 能帮助自己快速整理出一份符合专业格式的报告框架，以便后续填充内容，而不是从零开始调整排版，相关提示词和回复如下。

提问

请生成一份标准的市场分析报告框架，符合商务文档格式，要求如下：
1. 按照"摘要—市场概述—竞争分析—未来趋势"的顺序组织内容，每部分提供合理的分级标题；
2. 采用正式商务语言，每个部分给出示例性开头语句；
3. 适当插入项目符号或编号，使内容结构更清晰。

DeepSeek

市场分析报告
1. 摘要
本报告旨在对当前市场环境进行全面分析，涵盖市场现状、竞争格局及未来发展趋势。通过对关键数据的梳理与解读，为企业制定战略决策提供有力依据。以下是本报告的核心结论。
- 市场整体呈现稳步增长态势，预计未来三年年均增长率将达到 X%。
- 主要竞争者集中在 A、B、C 三家企业，市场份额合计超过 X%。
- 未来市场将受到技术创新与政策驱动的双重影响，新兴领域有望成为增长引擎。

2. 市场概述
2.1 市场现状
当前市场规模已达到 X 亿元，较去年同期增长 X%。以下是市场现状的主要特点。
（1）市场规模：2023 年市场规模为 X 亿元，同比增长 X%。
（2）市场驱动因素：
- 消费者需求升级，尤其是对高品质产品的偏好显著提升。
- 技术进步推动了产品创新，例如 X 技术的广泛应用。

• 政策支持为行业发展提供了良好环境，例如 X 政策的出台。
2.2 市场细分
根据产品类型、用户群体及地域分布，市场可细分为以下几类。
（1）按产品类型
• A 类产品：市场份额占比 X%，主要应用于 X 领域。
• B 类产品：市场份额占比 X%，主要应用于 X 领域。
（2）按用户群体
• 个人消费者：占比 X%，需求集中在 X 方面。
……

DeepSeek 生成格式框架进行排版的优势分析如下。
（1）结构化内容输出：按照商务文档标准，清晰划分层级，避免内容杂乱无章。
（2）示例性语言框架：自动生成正式、专业的语言示例，便于用户填充具体内容。
（3）逻辑清晰，便于修改：市场经理可直接在框架基础上补充细节，而不必从零开始整理格式。
（4）提升效率，减少重复劳动：无须手动调整标题、编号、分段，从而减少文档整理时间。

需要注意的是，DeepSeek 主要提供框架和格式建议，具体的数据和细节仍需要用户补充完善。此外，用户也可以上传整理好的文档内容，让 DeepSeek 提取文字并重新规范排版，待排版整理后，可以通过复制、粘贴的方式保存文档格式。

3.1.2 文档摘要：快速提炼关键信息

在日常办公中，面对冗长的会议纪要、调研报告、研究论文或政策文件，如何快速提炼出核心内容，成为很多职场人士的痛点。手动阅读和整理不仅耗时，还容易遗漏关键信息。DeepSeek 通过智能摘要生成，可以帮助用户从海量文本中自动提取关键要点，极大提升阅读效率和信息获取能力。

扫码看效果

例如，一名临床医生需要阅读一篇医学研究论文，该论文探讨了一种新型糖尿病治疗方案的实验数据、疗效分析和副作用。由于时间紧迫，他希望 DeepSeek 能帮助他快速总结论文的研究结论、数据支持和临床意义，以便尽快评估其在临床应用的价值，具体操作如下。

STEP 01 在 DeepSeek 中，❶单击输入框中的"上传附件（仅识别文字）"按钮 ⓘ；❷上传一份医学研究论文文档，如图 3-1 所示。

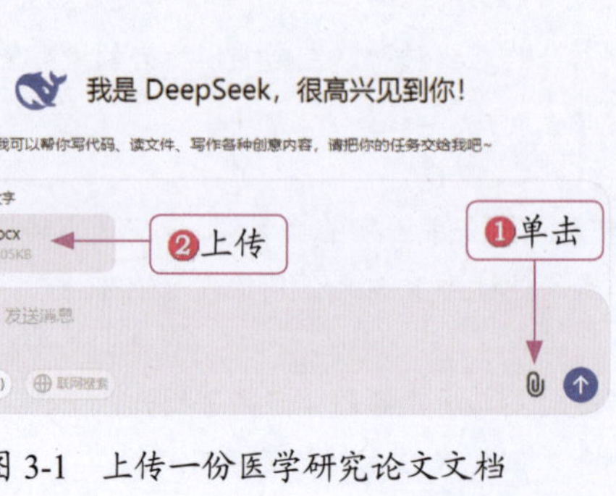

图 3-1　上传一份医学研究论文文档

STEP 02 输入并发送文档提要提示词，即可让 AI 根据提示词要求快速提炼关键信息，相关提示词和回复如下。

> **提问**
>
> 请对上传的医学研究论文文档进行摘要，要求如下。
> 1. 提取论文的研究背景、实验方法、核心数据、研究结论和临床应用价值；
> 2. 使用简洁、专业的语言，按层级结构整理；
> 3. 关键数据要精确列出；
> 4. 结果部分应包含研究的优势和局限性。

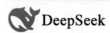

摘要
1. 研究背景
II 型糖尿病（T2DM）是一种全球性慢性代谢性疾病，患者人数超过 4.6 亿。长期高血糖不仅影响生活质量，还显著增加心血管疾病（CVD）风险。SGLT2 抑制剂作为一种新型降糖药物，通过抑制肾脏对葡萄糖的重吸收来降低血糖。本研究旨在评估新型 SGLT2 抑制剂在 T2DM 患者中的降糖效果及其对心血管健康的影响。

2. 实验方法
- 研究对象：1,500 名 T2DM 患者，随机分为实验组（750 人）和对照组（750 人）。
- 实验设计：12 个月的随机双盲对照试验。对照组接受传统二甲双胍治疗，实验组在标准治疗基础上加用新型 SGLT2 抑制剂。
- 评估指标：主要指标为糖化血红蛋白（HbA1c）水平变化，次要指标为心血管事件（心肌梗死、中风、心力衰竭）发生率及不良反应。

3. 核心数据
- 降糖效果：实验组 HbA1c 水平较基线降低 1.2%，对照组降低 0.7%（$P < 0.001$）。
- 心血管健康改善：实验组心血管事件总发生率较对照组减少 18%（$P = 0.02$），其中心肌梗死和中风发生率分别降低 22% 和 15%。
- 副作用：实验组常见副作用为轻微脱水（6%）和尿路感染（4.5%），无严重不良反应。

4. 研究结论
新型 SGLT2 抑制剂在 T2DM 患者中表现出显著的降糖效果和心血管保护作用，优于传统二甲双胍治疗。尽管存在轻微副作用，但总体安全可控。

5. 临床应用价值
新型 SGLT2 抑制剂为 T2DM 合并心血管疾病风险的患者提供了新的治疗选择，特别是在需要额外心血管保护的患者中，可作为二甲双胍的替代方案。临床应用时应密切关注副作用，并根据个体情况调整治疗方案。
……

DeepSeek 生成文档摘要的优势分析如下。

（1）精准提炼专业信息：DeepSeek 能识别论文的研究结论、实验数据和临床价值，减少医生的阅读时间。

（2）逻辑清晰，格式规范：按层级结构呈现，便于快速理解。

（3）保留关键信息：确保核心数据不遗漏，便于医生评估。

（4）提升临床决策效率：医生可直接依据摘要判断研究是否值得深入阅读或者应用于临床。

需要注意的是，DeepSeek 生成的摘要应与原文进行比对，以确保信息无误。

3.1.3 生成目录：自动索引大纲标题

在日常办公和专业写作中，长篇文档的结构清晰度至关重要。然而，手动整理目录不仅烦琐，还容易因调整内容导致目录失效。DeepSeek 具备智能目录生成功能，能够自动扫描文档内容，提取层级标题并按照逻辑顺序排列，使文档更具条理性，提升阅读和检索效率。

扫码看效果

例如，某校教师正在编写一份《心理学导论》的教学讲义，涵盖心理学流派、实验方法、认知发展等多个主题。由于内容庞杂，学生经常反映查找特定知识点困难。老师希望快速生成目录，让学生更方便阅读和复习，具体操作如下。

STEP 01 在 DeepSeek 中，❶单击输入框中的"上传附件（仅识别文字）"按钮 ⬚；❷上传一份教学讲义文档，如图 3-2 所示。

图 3-2　上传一份教学讲义文档

STEP 02 输入并发送提示词，即可让 AI 根据提示词提取标题并生成目录，相关提示词和回复如下。

> **提问**
>
> 请从上传的教学讲义中提取所有标题，并按层级生成目录。
> 1. 按照 H1、H2、H3 层级自动归类，并使用编号格式（例如 1.1、1.1.1）；
> 2. 若部分内容无标题，但逻辑清晰，请智能补充合理标题；
> 3. 返回格式示例如下：
>
> 第 1 章 心理学概论
>
> 1.1 心理学的起源
>
> 1.1.1 早期心理学流派
>
> 1.1.2 现代心理学发展
>
> 1.2 主要心理学研究方法
>
> ……

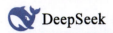

第 1 章 心理学概论
1.1 心理学的定义与性质
1.2 心理学的研究对象与领域
1.3 心理学的发展历史与趋势
第 2 章 心理学流派
2.1 结构主义与机能主义
2.1.1 结构主义
2.1.2 机能主义
2.2 行为主义与精神分析
2.2.1 行为主义
2.2.2 精神分析
2.3 人本主义与认知心理学
2.3.1 人本主义
2.3.2 认知心理学
第 3 章 实验方法
3.1 观察法
3.2 实验法
3.3 调查法
3.4 个案研究
……

DeepSeek 生成目录的优势分析如下。

（1）自动提取标题，减少手动整理时间：DeepSeek 能从大段文本中智能识别标题，即使某些部分缺失标题，它也能推测出合适的层级结构。

（2）层级分明，逻辑清晰：生成的目录严格按照标题层次（H1、H2、H3）排序，确保结构有条理。

（3）适用于多种文档类型：不仅限于教学讲义，还可用于教学大纲、教材编写、小说故事、学术论文、法律合同、市场报告、商业计划书、产品手册等长篇文档。

（4）增强协作与共享：清晰的目录有助于团队将内容分工，也能让学生更高效地复习。

需要注意的是，如果文档标题不统一或层级混乱，DeepSeek 可能会误判层级结构。因此，建议使用标准标题格式（如 H1、H2）。如果文档较短（如 1～3 页），人工整理目录可能比 AI 生成更高效。此外，用户可与 DeepSeek 的文档摘要功能配合使用，既能生成目录，也能提供关键信息总结。

3.1.4 智能改写：优化内容表达质量

在职场和学术写作中，表达逻辑混乱、语言不够精准是常见问题，这些问题很容易影响阅读体验和专业度。DeepSeek 提供智能改写功能，可根据不同需求优化内容，使其更清晰、流畅，符合目标读者的阅读习惯。

扫码看效果

例如，某作家正在创作一部长篇小说，但在对话部分遇到瓶颈：人物对白显得缺乏个性，表达不够自然，无法体现角色的语言风格。作家希望让对白更具真实感，同时保持剧情流畅。案例相关提示词和回复如下。

提问

请改写以下小说对白，使其符合以下要求。
1. 角色 A 是冷静理智的侦探，语言简洁、精准；
2. 角色 B 是性格冲动的记者，讲话速度快，语气情绪化；
3. 对话需保持紧张感，并符合现实语境；
4. 不要改变对白的核心信息，但可优化句子结构和用词。
以下为小说原始对白：
侦探 A："这起案件的嫌疑人应该是熟人作案，凶手了解受害者的习惯。"
记者 B："你是说……凶手可能是朋友？这太可怕了！"
侦探 A："这只是可能性之一，我们需要更多的证据。"
记者 B："可是你刚刚说的很确定啊！"
侦探 A："知道为什么法医报告特意标注了死者指甲缝里的皮屑吗？"
记者 B："你是说...凶器上沾了受害者的皮肤组织？"

DeepSeek

侦探 A："凶手熟悉受害者的日常习惯，熟人作案的可能性很高。"
记者 B："等等，你是说凶手可能是他身边的人？朋友？家人？天啊，这简直——这太疯狂了！"
侦探 A："目前只是推测，没有确凿证据前，不能下定论。"
记者 B："可你刚才的语气那么肯定！现在又说没证据？你到底有没有把握？"
侦探 A："法医报告提到死者指甲缝里有皮屑，你注意到了吗？"
记者 B："皮屑？你是说……受害者和凶手搏斗过？凶器上可能沾了皮肤组织？这案子比我想的还要复杂！"

DeepSeek 智能改写小说对白的优势分析如下。

（1）对白更具个性：侦探 A 的语言更克制理性，记者 B 的语言更情绪化，角色性格更鲜明。

（2）增强节奏感和张力：优化后对白更紧凑，减少冗余，使阅读体验更具冲击力。

（3）符合现实语境：调整句式，使对白更符合口语表达，减少生硬感。

（4）适用于不同文体：不仅适用于小说，也可用于剧本、对话式广告、社交媒体文案、工作报告等内容优化。

需要注意的是，在提示词中需要明确改写方向，例如情绪强化、语言精练、专业化表达等，避免 DeepSeek 生成的内容与预期风格不符。其次，强调保持原意不变，建议让 DeepSeek 仅优化表达方式，而非改动关键信息，确保内容准确。此外，提示词可以针对不同场景来进行调整，例如新闻稿需要正式、精准，小说对白则更注重情感与个性。

3.1.5 多语言翻译：跨国协作零障碍

在全球化办公环境下，跨语言沟通是企业、教育、出版、电商、旅游、物流等行业的一大难题。传统的翻译方式往往需要人工逐字翻译、调整措辞、匹配文化背景，效率低且容易出现误解。而DeepSeek具备智能翻译与语境优化能力，不仅能进行精准翻译，还能根据不同语境调整表达方式，确保沟通顺畅。

扫码看效果

例如，一家旅行社需要将中文行程推荐翻译成多种语言，包括英文、法文、俄文等，以吸引不同国家的游客。但传统的翻译方式往往只进行字面直译，忽略了各国游客的文化偏好、表达方式和旅行习惯。因此，旅行社希望借助DeepSeek优化翻译，让不同国家的游客都能准确理解行程内容，并产生兴趣。案例相关提示词和回复如下。

提问

请将以下旅行行程推荐翻译成英文/法文/俄文，要求如下。
1. 用符合目标国家文化和旅游偏好的表达方式，而不是逐字直译；
2. 适当调整描述，使内容对目标国家的游客更有吸引力；
3. 语言自然流畅，避免过于生硬的机器翻译。
以下为旅行行程推荐语：
本行程将带您徒步登山，深入自然，感受山川壮丽。途中，高山湖泊如明珠镶嵌，碧波荡漾，映照着蓝天白云；原始森林郁郁葱葱，古木参天，鸟鸣声声，仿佛步入童话世界。攀登之余，还能品尝当地特色小吃，让味蕾也享受一场旅行。这不仅是一场体力与意志的挑战，更是一次心灵的洗礼与美好回忆的积累。

 DeepSeek

英文翻译（For English-speaking tourists）：

This journey will take you on a breathtaking hiking adventure deep into nature, where you'll witness the grandeur of majestic mountains. Along the way, you'll discover alpine lakes glistening like jewels, their crystal-clear waters reflecting the endless blue skies and fluffy clouds. The ancient forests, lush and vibrant, are home to towering trees and the melodic songs of birds, creating a scene straight out of a fairy tale. After a day of climbing, treat yourself to local delicacies, giving your taste buds a journey of their own. This trip is not just a test of physical endurance and willpower, but also a spiritual retreat and an opportunity to create unforgettable memories.

法文翻译（Pour les touristes francophones）：

Ce voyage vous emmènera en randonnée au cœur de la nature, où vous pourrez admirer la splendeur des montagnes majestueuses. En chemin, vous découvrirez des lacs alpins scintillants comme des joyaux, leurs eaux cristallines reflétant le ciel bleu et les nuages paisibles. Les forêts anciennes, luxuriantes et vivantes, abritent des arbres imposants et les chants mélodieux des oiseaux, créant une ambiance digne d'un conte de fées. Après une journée d'efforts, régalez-vous avec des spécialités locales, offrant à vos papilles un voyage inoubliable. Ce séjour n'est pas seulement un défi physique et mental, mais aussi une retraite spirituelle et une occasion de créer des souvenirs précieux.

> **俄文翻译（Для русскоязычных туристов）：**
> Это путешествие приведет вас в поход по живописным горным тропам, где вы сможете насладиться великолепием природы и величием гор. По пути вы увидите альпийские озера, сверкающие, как драгоценные камни, их чистейшие воды отражают бескрайнее голубое небо и пушистые облака. Древние леса, густые и полные жизни, с высокими деревьями и мелодичным пением птиц, создают атмосферу, словно из сказки. После активного дня восхождения вас ждут местные деликатесы, которые порадуют ваши вкусовые рецепторы. Это путешествие — не только испытание вашей силы и воли, но и духовное очищение, а также возможность создать незабываемые воспоминания.

DeepSeek 多语言翻译的优势分析如下。

（1）自然流畅，避免生硬直译：DeepSeek 会调整句式，使翻译更符合母语者的阅读习惯，而非简单的字对字转换。

（2）文化适配，增强吸引力：针对不同国家的游客调整旅行体验描述，让推荐更具吸引力。

（3）适用于多种行业场景：不仅限于旅游行业，也适用于跨国电商、企业外贸、学术交流、国际会议等场景，确保不同文化背景下的沟通能精准无误。

（4）自动优化表达，提升用户体验：DeepSeek 可以根据输入内容智能优化句式。

需要注意的是，在提示词中需要求 DeepSeek 不能逐字直译，要关注语境，特别是在翻译专业术语或品牌宣传时，需注意是否符合当地文化习惯，避免直译导致歧义。其次，调整表达风格，不同行业对翻译风格的要求不同，例如法律文件需要精准严谨的翻译，而营销文案则需要更具吸引力的表达。

虽然 DeepSeek 能够优化翻译，但对于高价值内容（如合同条款、医疗文件、专利说明），建议结合人工审核，确保准确性。

3.2 管理升级：告别低效的"996"

"996"是一种工作模式的代称，指员工每天从早上 9 点工作到晚上 9 点，一周工作 6 天。在高强度的现代职场环境中，许多企业和团队依赖加班来推动工作进度，但"996"模式往往导致员工工作效率低下、疲劳过度、执行力下降，甚至影响团队的长期发展。

真正的管理升级不是单纯增加工时，而是通过智能工具提升执行力，优化任务分配与管理流程。DeepSeek 作为智能办公助手，能够帮助团队提取待办事项、优化会议纪要、精准分配任务、智能拆解执行路径、分析项目进度和团队资源，最终实现更高效的管理，彻底告别低效加班文化。

本节将详细介绍如何利用 DeepSeek 提高管理效率，优化团队执行力，真正做到"少加班，高效能"。

3.2.1 待办提取：会议纪要转任务清单

在传统的会议管理中，会议冗长且讨论内容分散，难以快速整理出核心任务。参会者往往遗漏重要信息，导致执行不到位，且需要人工逐条筛选会议内容，费时费力。DeepSeek 具备智能提取待办事项的功能，能够从会议纪要中识别并归纳关键任务，生成清晰的待办清单，确保团队成员迅速进入执行状态。

扫码看效果

例如，某科技公司召开新产品上线会议，讨论了相关的准备工作。管理层希望会后通过 DeepSeek 迅速整理任务清单，以确保各部门明确分工并按时推进，案例相关提示词和回复如下。

> **提问**
>
> 请从以下会议纪要中提取所有待办事项，格式如下。
> 1. 任务内容（清晰、可执行）
> 2. 负责人
> 3. 截止时间
> 会议纪要（部分内容）：
> 本次会议讨论了新产品上线的准备工作，市场部需要在下周五前完成宣传方案，技术团队需要修复现有的几个关键 bug（漏洞），UI 设计团队将在 3 天内提交最终界面调整方案，销售团队负责联系 20 家核心渠道，确保产品上线时有足够的曝光。

> **DeepSeek**
>
> 1. **任务内容**：完成新产品上线的宣传方案
> **负责人**：市场部
> **截止时间**：下周五前
> 2. **任务内容**：修复现有的几个关键 bug（漏洞）
> **负责人**：技术团队
> **截止时间**：未明确（需补充）
> 3. **任务内容**：提交最终界面调整方案
> **负责人**：UI 设计团队
> **截止时间**：3 天内
> 4. **任务内容**：联系 20 家核心渠道，确保产品上线时有足够的曝光
> **负责人**：销售团队
> **截止时间**：产品上线前（需补充具体时间）

DeepSeek 智能提取待办事项的优势分析如下。

（1）精准识别关键任务：避免会议讨论内容过多、任务模糊，确保每项任务都有明确的负责人和截止时间。

（2）提高执行力：自动结构化任务信息，减少因信息丢失或误解导致的执行偏差。

（3）适用于各类团队协作场景：无论是软件开发、市场营销、供应链管理，还是跨国项目协作，都可以快速整理出任务清单。

需要注意的是，在提示词中，任务描述要具体可执行，避免模糊表述，例如"优化系统"可改为"修复 3 个关键 bug，提高响应速度至 500ms 以内"。同时，回复内容也要结合人工检查，确保任务的完整性，虽然 DeepSeek 能提取任务，但对于细节性较强的任务，例如合同修改或财务分析，仍需人工补充调整。

3.2.2 总结提炼：30 分钟会议压缩成 5 分钟

在传统的会议管理中，会议时间长，核心内容难以快速获取。复盘会议时，需要听录音或查看大量笔记，低效且耗时。此外，领导和高管往往时间有限，无法逐字阅读完整的会议纪要。DeepSeek 通过智能总结提炼，可以从冗长的会议记录中提取关键信息，将 30 分钟的会议内容压缩成 5 分钟可读的要点，确保关键信息不遗漏，同时提升管理层的决策效率。

扫码看效果

例如，某广告公司召开创意会议，讨论即将上线的品牌营销方案，会议时长 30 分钟，涉及多个方案讨论、市场反馈分析及执行时间安排。管理层希望通过 DeepSeek 总结提炼要点，缩短会议时长，案例相关提示词和回复如下。

提问

请根据以下会议内容，总结提炼关键信息，并以"会议主题、关键讨论、执行安排、预算分配、下一步行动"的结构生成 5 分钟摘要，会议部分内容如下。
本次会议主要讨论客户 A 的新品牌推广策略。团队提出 3 种创意方向：
1. 社交媒体病毒式传播；
2. 线下快闪活动；
3. 跨界联名合作。
市场数据表明，目标用户中，25～35 岁女性对互动内容接受度高，因此我们建议优先考虑社交媒体传播方案。营销总监强调，短视频内容要有强烈品牌识别度，必须在 2 周内完成拍摄与剪辑。
至于预算分配，50% 投入社交媒体广告，30% 投入线下活动，20% 预留应急调整。

DeepSeek

5 分钟会议摘要
会议主题
本次会议主要围绕客户 A 的新品牌推广策略展开讨论，重点在于确定创意方向、预算分配及执行计划。
关键讨论
1. 创意方向：团队提出了 3 种推广方案：
- 社交媒体病毒式传播
- 线下快闪活动
- 跨界联名合作

> 根据市场数据，目标用户（25～35岁女性）对互动内容接受度较高，因此建议优先考虑社交媒体传播方案。
> 2. 内容要求：营销总监强调，短视频内容需具备强烈的品牌识别度，并要求在2周内完成拍摄与剪辑。
>
> **执行安排**
> - 社交媒体传播：作为优先方案，团队需在2周内完成短视频的拍摄与剪辑，确保内容具有高辨识度。
> - 线下快闪活动：作为辅助方案，需在社交媒体推广期间同步策划和执行。
> - 跨界联名合作：作为备选方案，需进一步评估合作方的匹配度和执行可行性。
>
> **预算分配**
> - 50%预算投入社交媒体广告
> - 30%预算投入线下快闪活动
> - 20%预算预留应急调整
>
> **下一步行动**
> 1. 确定短视频创意脚本，并在2周内完成拍摄与剪辑。
> 2. 启动社交媒体广告投放计划，确保内容上线后迅速传播。
> ……

DeepSeek 总结提炼会议内容的优势分析如下。

（1）减少会议回顾时间：30分钟的会议浓缩成5分钟，管理层与团队成员都能快速掌握核心内容。

（2）结构清晰，方便查阅：自动分类信息，使后续执行更高效。

（3）跨行业适用：可应用于市场营销、产品开发、教育培训、医疗管理等多种会议场景，提高总结效率。

需要注意的是，本案例的提示词中并没有提供完整的会议内容，但在实际操作中，输入的内容需要尽量包含完整的会议决策和讨论要点，以便 DeepSeek 进行精准提炼。此外，优化提示词时要结合行业需求，例如法律会议需要保留核心条款，而学术会议则需强调研究发现。

3.2.3 任务分配：确保落实项目决策

在项目管理中，决策落地难是常见问题。例如，会议讨论有结论，但执行不到位；任务分配模糊，导致项目停滞；职责不清，导致推诿和重复工作，影响团队协作效率；缺乏跟踪机制，项目进度难以掌控，风险预警滞后。借助 DeepSeek 的任务分配能力，可以从项目决策中自动提取关键任务，明确负责人和截止时间，确保团队行动一致，提高执行力。

扫码看效果

例如，某互联网公司召开产品开发会议，讨论新功能迭代计划，涉及前端、后端、测试及运营团队的协作。会议中达成多个决策，需要通过 DeepSeek 快速落地到具体执行任务，案例相关提示词和回复如下。

> 提问
>
> 请根据以下会议决策内容，提取所有任务，并生成任务分配表格，明确任务名称、负责人、截止时间和备注，会议决策部分内容如下：
>
> 下个版本将上线 AI 推荐功能，前端需要优化 UI 交互，后端完善推荐算法，测试团队制定压力测试方案，运营团队准备上线推广文案。产品经理要求 2 周内完成开发，UI 设计 3 天内交付，后端开发 10 天，测试 2 天，运营在功能上线前 3 天完成宣传。所有任务完成后，由产品经理最终验收。

根据会议决策内容，提取的任务及任务分配表格如下：

序号	任务名称	负责人	截止时间	备注
1	优化 UI 交互	前端团队	3 天内	UI 设计需在 3 天内交付
2	完善推荐算法	后端团队	10 天内	后端开发需在 10 天内完成
3	制定压力测试方案	测试团队	2 天内	测试方案需在 2 天内完成
4	准备上线推广文案	运营团队	功能上线前 3 天	宣传文案需在功能上线前 3 天完成
5	最终验收	产品经理	所有任务完成后	产品经理负责最终验收

备注：
所有开发任务需在 2 周内完成。
UI 设计需在 3 天内交付，以便前端团队进行优化。
后端开发需在 10 天内完成推荐算法的完善。
测试团队需在 2 天内制定压力测试方案。
运营团队需在功能上线前 3 天完成宣传文案的准备。
产品经理在所有任务完成后进行最终验收。

DeepSeek 任务分配的优势分析如下。

（1）任务分配结构化：从零散的会议记录中精准提取任务信息，形成清晰的分工方案。

（2）减少遗漏与推诿：明确责任人，避免任务分配不清导致的执行断层。

（3）适用于多行业：可用于软件开发、市场营销、工程建设、咨询项目等，提升团队协同效率。

需要注意的是，本案例的提示词中并没有提供完整的任务决策内容，但在实际操作中，输入的内容需要包含完整的任务信息，若会议记录较零散，可先手动整理要点，再让 DeepSeek 生成任务清单。此外，任务清单可导入 Trello、Jira、Notion 等工具，便于后续跟踪执行。如果 DeepSeek 生成的任务比较宏观，不够细化，可以通过任务拆解的方式规划执行步骤。

3.2.4 任务拆解：精准规划执行步骤

在复杂项目中，仅仅分配任务并不够，如果任务目标过大或不够清晰，往往会导致执行难度过高、进度失控、资源浪费等问题。DeepSeek 提供任务拆解能力，可以将宏观任务细化为具体步骤，帮助团队精准规划执行路径，确保项目高效推进。

扫码看效果

例如，某品牌计划上线一款新品，需要策划一场市场营销活动，任务较大，需要通过 DeepSeek 拆解为多个可执行步骤，案例相关提示词和回复如下。

提问

请根据以下市场营销推广方案，拆解成可执行的具体步骤，列出任务名称、细分任务、负责人、截止时间和备注，方案内容如下。

【A 品牌市场营销推广方案】
为高效推进 A 品牌传播计划，现将各阶段任务部署如下：
一、社交媒体宣传矩阵构建
由市场经理牵头在 3 日内完成社交媒体营销策略制定，重点明确目标受众画像与推广渠道组合。设计团队同步启动广告素材创作，5 日内需产出包含动态海报、品牌短视频在内的多元化内容库。运营团队将在 2 日内制定精准发布时间表，通过错峰投放机制确保高频次曝光，并结合数据反馈动态优化投放时段，形成"内容生产－渠道分发－效果追踪"的完整闭环。
二、KOL 精准营销合作
PR 团队双线推进 KOL 资源整合：首阶段 3 日内完成博主筛选，重点匹配与品牌调性契合的头部及垂类达人；随后 2 日内定制合作方案，明确内容共创主题、预算分配及传播节奏规划。活动期间由数据分析团队实施效果监控，建立包含互动量、转化率等核心指标的评估体系，实时调整投放策略，确保传播效能最大化。
三、线下发布会落地执行
运营团队需在 7 日内完成场地甄选，重点考察场馆空间调性、设施配套及传播延展性。PR 团队同步推进媒体矩阵邀约，10 日内落实核心媒体及行业嘉宾名单，预留充足时间进行深度内容沟通。活动执行团队统筹 12 日倒计时全流程，涵盖场景设计、线路规划、设备调试等环节，建立"预案－执行－复盘"三重保障机制，确保发布会呈现品牌价值的沉浸式体验。
各项目组需建立日例会机制同步进展，重点把控时间节点与资源衔接，通过线上线下协同发力，构建"内容种草－社交裂变－体验深化"的三维传播体系。

DeepSeek

A 品牌市场营销推广方案任务拆解
一、社交媒体宣传矩阵构建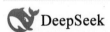

任务名称	细分任务	负责人	截止时间	备注
制定社交媒体营销策略	明确目标受众画像与推广渠道组合	市场经理	3 日内	需与设计团队和运营团队同步沟通
广告素材创作	创作动态海报、品牌短视频等内容	设计团队	5 日内	多元化内容库，确保素材多样性
制定发布时间表	制定精准发布时间表，错峰投放机制	运营团队	2 日内	结合数据反馈动态优化投放时段
效果追踪与优化	数据反馈分析，动态优化投放策略	运营团队	持续进行	形成"内容生产－渠道分发－效果追踪"闭环

二、KOL 精准营销合作
……

> **专家指点**
>
> KOL（Key Opinion Leader）即关键意见领袖，是指在特定领域拥有专业知识、影响力或话语权的个体，通常通过社交媒体、行业论坛、线下活动等渠道，对目标受众的消费决策、观念认知或行为模式产生显著影响。他们可能是行业专家、垂直领域博主、网红达人或明星。

DeepSeek 任务拆解的优势分析如下。

（1）降低执行难度：从宏观任务拆解出清晰的执行步骤，让团队成员明确行动方向。

（2）提升项目可控性：任务细化后，管理者可以精准跟踪每个阶段的进展，降低延期风险。

（3）适用于多行业：市场营销、软件开发、供应链管理以及工程建设等各类项目均可使用。

需要注意的是，过度拆解可能导致细节冗余，任务过于琐碎。因此，需要保持任务的合理颗粒度，例如让 AI 将每个任务控制在 1～2 周内完成。此外，某些任务必须先完成才能进行下一个步骤，用户可以在提示词中明确要求 AI 拆解时保持逻辑顺序，避免资源冲突。

3.2.5 进度分析：风险预警提前应对

在长周期或多部门协作的项目中，进度管理往往成为关键挑战。如果没有实时监控和预警机制，企业可能会面临任务延期、资源浪费、质量下降等问题。DeepSeek 提供进度分析和风险预警功能，可以基于任务完成率、瓶颈任务、依赖关系等因素，预测项目是否会延期，并提供优化建议，帮助团队在问题发生前采取措施，确保项目按时高质量交付。

扫码看效果

例如，某科技公司正在开发一款新应用，计划在 6 个月内完成 MVP（最小可行产品）并进行市场测试。当前项目已进入第 3 个月，团队希望通过 DeepSeek 进行进度分析，识别可能的风险并调整策略，案例相关提示词和回复如下。

> **提问**
>
> 请分析以下项目的当前进度，预测可能的风险点，并提供优化建议，确保项目按时交付。
> 目前各项任务进度如下。
> UI/UX 设计已完成 90%，预计 1 周内完成，风险低，建议适当增加设计评审时间确保质量；后端架构开发完成 60%，预计 2 个月内完成，风险高，需增加人力或减少非核心功能；前端开发完成 40%，预计 2.5 个月内完成，风险中，需确保 API 提供进度与前端同步；测试与优化尚未开始，预计 4 个月后启动，风险极高，需确保开发进度以避免测试时间不足；市场推广准备也未开始，预计 5 个月后进行，风险中，建议尽早与市场团队同步规划。

> **DeepSeek**
>
> 项目进度分析
>
> **1. UI/UX 设计**
> 进度：已完成 90%，预计 1 周内完成。
> 风险：风险低。
> 建议：适当增加设计评审时间，确保设计质量，避免后期返工。

2. 后端架构开发

进度：完成 60%，预计 2 个月内完成。

风险：风险高。

建议：增加开发人力或减少非核心功能，确保关键功能按时交付。可以考虑将部分非核心功能推迟到后续版本中。

3. 前端开发

进度：完成 40%，预计 2.5 个月内完成。

风险：风险中。

建议：确保 API 提供进度与前端开发同步，避免前端开发因等待 API 而停滞。定期与后端团队沟通，确保接口文档及时更新。

4. 测试与优化

进度：尚未开始，预计 4 个月后启动。

风险：风险极高。

建议：确保开发进度，避免测试时间不足。可以考虑提前进行部分模块的单元测试和集成测试，减少后期测试压力。同时，建议尽早引入自动化测试工具，提高测试效率。

5. 市场推广准备

进度：尚未开始，预计 5 个月后进行。

……

DeepSeek 进度分析与风险预警的优势分析如下。

（1）提前发现风险，避免进度失控：基于任务完成情况、资源分配等因素，提供实时风险评估，帮助团队提前应对。

（2）提高管理效率，减少重复沟通：管理者无须逐一询问进度，而是通过自动分析生成的报告快速了解项目状态。

（3）适用于多种项目管理场景：可应用于软件开发、工程建设、市场营销、供应链管理等行业，确保不同类型项目的进度可控。

需要注意的是，进度分析依赖于任务完成度、工时等数据，需确保提供的数据是最新的，避免误判。此外，DeepSeek 生成的优化建议需要结合团队能力、资源约束进行调整，避免过度依赖工具。

3.2.6 资源分配：提高团队协作效率

在现代企业管理中，资源分配不均往往是团队低效的根源。DeepSeek 可以通过智能分析项目需求、任务负载和团队成员能力等，提供合理的资源分配建议，提高团队协作效率。

扫码看效果

例如，某电商公司计划在"双十一"大促期间推出一项全渠道营销活动，涉及社交媒体推广、直播带货、KOL 合作、广告投放等多个环节。营销团队有 6 名成员，但由于各自擅长的领域不同，如何高效分配任务成为管理者的一大挑战，案例相关提示词和回复如下。

> **提问**
>
> 在"双十一"大促期间,电商公司计划开展全渠道营销活动,涵盖社交媒体推广、直播带货、KOL合作及广告投放等多个环节。请根据以下营销团队6名成员擅长的能力,进行资源分配,注意每个成员的任务不要负载过重,团队成员及擅长领域如下。
> 主管A:擅长营销策略
> 员工B:擅长视觉设计
> 员工C:擅长社交媒体运营
> 员工D:擅长短视频制作
> 员工E:擅长广告投放
> 员工F:擅长数据分析

 DeepSeek

> 在"双十一"大促期间,电商公司计划开展全渠道营销活动,涵盖社交媒体推广、直播带货、KOL合作及广告投放等多个环节。为了确保每个团队成员的任务负载合理,同时充分发挥他们的专长,以下是基于团队成员擅长领域的资源分配建议:
> ……
>
> **资源分配总结:**
> 主管A:负责整体策略与协调,确保各环节顺利推进。
> 员工B:专注于视觉设计,确保所有视觉素材的质量和一致性。
> 员工C:负责社交媒体运营和KOL合作,确保活动信息广泛传播。
> 员工D:负责短视频制作,确保视频内容吸引用户。
> 员工E:负责广告投放,确保广告效果最大化。
> 员工F:负责数据分析,提供数据支持,帮助优化策略。
>
> **注意事项:**
> - 每个成员的任务负载应合理,避免过度集中。主管A需要定期与团队成员沟通,确保任务进度和成员的工作状态。
> - 团队成员之间需要紧密合作,尤其是视觉设计、短视频制作和广告投放之间的协作,确保素材的一致性和高质量。
> - 数据分析应贯穿整个活动,帮助团队及时调整策略,确保活动效果最大化。
>
> 通过合理的资源分配和团队协作,电商公司可以在"双十一"大促期间实现全渠道营销活动的成功。

DeepSeek资源分配的优势分析如下。

(1)智能化匹配任务与人员:基于成员能力、工作量和优先级,提供精准的任务分配建议,避免资源浪费。

(2)提升团队协作效率:优化人员安排,使关键任务由最合适的人负责,减少内部沟通和调整成本。

(3)适用于多种工作场景:无论是项目管理、运营策划、市场营销还是研发管理,都可以利用DeepSeek进行资源优化,提高团队的执行力。

需要注意的是，提示词中的数据输入要精准，确保 DeepSeek 参考的成员能力、工作负载数据准确，否则分配方案可能失真。此外，DeepSeek 的建议通常是基于现有数据的静态分析，管理者需要结合实际情况调整资源配置。

3.2.7 日报周报：轻松汇报工作内容

在快节奏的职场环境中，汇报工作是不可避免的日常任务，但许多职场人士都会面临耗时长、逻辑混乱、格式不统一等困扰。DeepSeek 可以智能总结、格式化内容和结构化呈现工作内容，帮助用户高效生成日报、周报，提高汇报效率。

扫码看效果

例如，某互联网公司的产品经理需要每周向管理层提交工作周报，汇报产品开发进度、数据分析结果和下周计划。但由于团队协作内容繁杂，整理信息非常耗时，且领导希望看到清晰的业务进展，而不是冗长的描述，产品经理希望通过 DeepSeek 来生成工作周报，案例相关提示词和回复如下。

提问

请基于以下工作内容，生成一份结构清晰、重点突出的周报，包含本周进展、数据分析结果、问题与对策、下周计划等，并尽量精炼、清晰，工作内容如下。
本周产品迭代进展汇报：本周关键进展包括完成新功能 A/B 测试，转化率提升 12%；提交竞品分析报告，发现用户最关注加载速度和界面优化；版本 2.3.0 进入测试阶段，预计下周二上线。针对用户反馈新增功能操作复杂问题，已调整 UX 交互并优化引导流程；服务器响应速度下降 8%，已与技术团队沟通，计划优化数据库查询。下周计划启动下一季度功能规划会，继续跟踪 A/B 测试数据，确保转化率优化目标达成，并组织用户调研访谈，深入了解核心痛点。本周 KPI 显示，DAU 增长 5%，付费转化率提升 2.8%，用户留存率达 75.4%，上升 3.1%。

DeepSeek

产品迭代周报
一、本周进展
1. 产品迭代
- 完成新功能 A/B 测试，转化率提升 12%。
- 版本 2.3.0 进入测试阶段，预计下周二上线。
- 针对用户反馈新增功能操作复杂问题，已调整 UX 交互并优化引导流程。

2. 竞品分析
提交竞品分析报告，发现用户最关注加载速度和界面优化。

3. 技术优化
服务器响应速度下降 8%，已与技术团队沟通，计划优化数据库查询。

二、数据分析
1. KPI 完成情况
- DAU 增长 5%。
- 付费转化率提升 2.8%。
- 用户留存率达 75.4%，上升 3.1%。

三、问题与对策
问题：服务器响应速度下降8%。
对策：已与技术团队沟通，计划优化数据库查询。
四、下周计划
……

DeepSeek 生成日报、周报的优势分析如下。

（1）高效总结信息：无须手动整理，DeepSeek 可快速提炼核心要点，让汇报更加清晰简洁。

（2）结构化呈现：日报、周报可以按照既定的格式生成，符合管理者的阅读习惯，提升沟通效率。

（3）自动提取重点：DeepSeek 可基于任务数据、KPI（关键绩效指标）、会议纪要等内容，生成精准的汇报，避免冗长的描述。

（4）适应多种场景：不仅适用于产品经理，还适用于市场营销、研发、销售、运营、项目管理等多种岗位，提高团队协作效率。

需要注意的是，提示词中要尽量避免过多无关信息，保持语言精练、数据精准，确保汇报直击要点，让管理者快速抓住重点。如果有格式要求，可以在提示词中明确格式，让 DeepSeek 输出的内容更符合汇报需求。

3.3 数据分析：DeepSeek 助力精准决策

在数字化时代，数据已经成为企业和个人决策的关键依据。但面对庞杂的信息，如何快速提取有价值的数据、分析市场趋势、优化运营策略，仍然是许多职场人的核心痛点。DeepSeek 作为一款强大的 AI 工具，可以自动检索、归纳、分析数据，帮助用户在海量信息中找到最具价值的数据，助力精准决策。本节主要为读者介绍使用 DeepSeek 进行数据分析、精准决策的方法。

3.3.1 搜索数据：把握市场动态趋势

在进行行业分析时，需要收集市场规模、增长率、消费者偏好等数据。然而，传统的人工检索方式费时费力，且数据来源分散，容易导致信息滞后或遗漏关键趋势。DeepSeek 能够自动检索行业报告、新闻动态、社交媒体趋势和竞争对手数据，并将复杂的市场信息整理成可读性强的摘要，帮助市场研究员快速掌握行业发展方向。

扫码看效果

例如，某咖啡品牌市场研究员需要了解中国咖啡市场发展趋势，案例相关提示词和回复如下。

> 提问
>
> 现在你是一个市场研究员，你需要搜集并梳理 [中国咖啡市场发展] 相关的数据，注意你需要附上数据对应的来源。此外请注意你需要在输出结果中指出部分数据可能存在的误差。

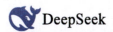

> 中国咖啡市场发展数据梳理
>
> **1. 市场规模**
>
> 2022年市场规模：约1,500亿元人民币
>
> 来源：艾瑞咨询《2022年中国咖啡市场研究报告》
>
> 误差说明：该数据基于抽样调查和行业估算，可能存在±5%的误差。
>
> 2023年市场规模预测：预计达到1,800亿元人民币
>
> 来源：前瞻产业研究院《2023年中国咖啡行业市场前景分析》
>
> 误差说明：预测数据受宏观经济、消费习惯变化等因素影响，可能存在±10%的误差。
>
> **2. 人均咖啡消费量**
>
> 2022年人均咖啡消费量：约12杯/年
>
> ……
>
> **8. 未来趋势**
>
> 2025年市场规模预测：预计突破2,500亿元人民币
>
> 来源：前瞻产业研究院《2023年中国咖啡行业市场前景分析》
>
> 误差说明：长期预测受政策、经济环境等因素影响，可能存在±20%的误差。
>
> 咖啡文化普及：预计咖啡消费将进一步向低线城市渗透
>
> 来源：中国咖啡协会《2022年中国咖啡市场趋势展望》
>
> 误差说明：趋势分析基于当前数据，实际发展可能受多种因素影响。
>
> **总结**
>
> 中国咖啡市场近年来快速增长，市场规模、消费人群和品类偏好均呈现多样化趋势。然而，部分数据存在一定误差，主要源于样本覆盖不足、预测不确定性以及区域差异等因素。未来，随着咖啡文化的进一步普及和消费升级，市场仍有较大增长空间。

DeepSeek搜集数据的优势分析如下。

（1）节省时间：DeepSeek可以快速搜索、筛选、整理海量数据，避免手动查找的烦琐流程。

（2）数据全面：整合行业报告、社交媒体反馈、新闻资讯，确保信息的广度与深度。

（3）趋势可视化：DeepSeek还能配合数据分析工具，生成趋势图、关键词云等可视化信息，帮助研究员直观理解市场趋势。

需要注意DeepSeek搜集到的数据时效性、来源权威性是否可靠，以及除了数据，还需结合行业政策、经济环境等因素，做出更全面的市场解读。

3.3.2 直观呈现：设计数据可视化方案

数据可视化图表是将数据转化为图形或图表形式，以便更直观地呈现信息和发现数据之间的关系，这种方法有助于快速理解复杂数据集，为管理者提供决策支持。

扫码看效果

DeepSeek 能够分析数据类型，并推荐合适的图表形式，如柱状图、折线图或饼图。它还提供了创建图表的步骤和工具选择，这不仅提高了数据可视化的质量和有效性，还节省了时间。用 DeepSeek 设计数据可视化方案的相关案例如下。

> **提问**
>
> 请你为一家零售企业设计库存数据的可视化图表方案，重点展示各商品类别的月度库存变化和补货频率，以便于优化库存管理。

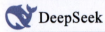

零售企业库存数据可视化方案

目标：清晰展示各商品类别的月度库存变化和补货频率，为优化库存管理提供数据支持。

数据维度：
- 时间维度：月度（可选择具体月份或滚动周期）
- 商品维度：商品类别（可根据企业实际情况细分）
- 指标维度：

期初库存

期末库存

库存变化量（期末库存－期初库存）

补货次数

平均补货量（总补货量/补货次数）

可视化方案：

1. 月度库存变化趋势图（主视图）
- 图表类型：折线图
- X轴：时间（月份）
- Y轴：库存量
- 图例：商品类别
- 功能：

……

DeepSeek 设计数据可视化方案的优势分析如下。

（1）增强可读性：通过图表、颜色、对比等方式，让复杂的数据一目了然，降低观看者的理解门槛。

（2）提升决策效率：可视化数据能够帮助管理层更快地找到关键趋势，从而做出更精准的商业决策。

（3）多维度分析：DeepSeek 可以结合不同数据维度，生成多种可视化方案，帮助团队选择最合适的表达方式。

需要注意的是，可视化方案应突出核心数据，避免堆积过多信息，导致解读困难。在管理层汇报、市场分析、产品优化等不同场景下，应结合实际情况，选择最合适的数据可视化方式，而不是一味地追求炫酷效果。

3.3.3 用户画像：需求洞察精准到人

在精准营销、产品优化和用户运营中，了解用户需求至关重要。然而，传统数据分析往往停留在基础的用户属性统计（如年龄、性别、地区）方面，难以深度洞察用户的行为偏好、购买决策、兴趣点等细节，导致营销策略和产品设计缺乏针对性。

扫码看效果

DeepSeek 通过大规模数据分析和智能建模，帮助企业生成精准的用户画像，实现个性化推荐、精准营销和用户体验优化。用 DeepSeek 生成用户画像的相关案例如下。

提问

请结合社交媒体数据，生成一个 25～35 岁都市女性的消费习惯画像，重点关注美妆和健身产品。

DeepSeek

25～35 岁都市女性消费习惯画像：美妆与健身

目标人群：25～35 岁，居住在一、二线城市，拥有稳定收入和较高教育水平的都市女性。

数据来源：小红书、微博、抖音、B 站等社交媒体平台用户数据及消费行为分析。

一、美妆消费习惯

- 追求精致妆容，注重个性化表达：她们热衷于尝试不同的妆容风格，从日常通勤到约会派对，都有对应的妆容搭配。社交媒体上美妆博主的教程和产品推荐对她们影响很大。
- 成分党崛起，注重产品功效和安全性：她们不再盲目追求大牌，而是更加关注产品的成分和功效，倾向于选择天然、温和、无刺激的产品。美白、抗衰老、保湿等功效是她们关注的重点。
- 国货品牌崛起，性价比成为重要考量因素：近年来，国货美妆品牌凭借高性价比和不断创新，赢得了越来越多都市女性的青睐。她们乐于尝试新品牌，但也会理性消费，注重产品的实际效果。
- 线上购买为主，社交电商和直播带货影响力大：她们习惯于在电商平台和社交电商平台购买美妆产品，直播带货也成为她们获取产品信息和购买的重要渠道。

二、健身消费习惯

- 运动健身成为生活方式，注重身材管理和健康：她们将运动健身视为一种生活方式，注重身材管理和健康。瑜伽、普拉提、跑步、游泳等运动项目受到她们的欢迎。
- 追求专业性和科学性，愿意为优质课程和装备付费：她们注重运动的专业性和科学性，愿意为优质的健身课程、私教服务和专业运动装备付费。
- 运动社交属性强，乐于分享运动成果和经验：她们喜欢在社交媒体上分享自己的运动成果和经验，与志同道合的人交流互动。运动社交平台和健身社群成为她们获取信息、分享经验和互相激励的重要渠道。

……

DeepSeek 生成用户画像的优势分析如下。

（1）精准定位用户需求：相比传统标签分类，DeepSeek 通过智能推理，能更深度地挖掘用户潜在需求，而不仅是表面数据。

（2）提升营销转化率：清晰的用户画像让营销团队能够制定个性化推广策略，提高广告投放 ROI（投资回报率）和用户黏性。

（3）优化产品体验：通过用户画像，产品团队能更好地理解用户痛点，优化产品功能和服务，提高用户满意度。

需要注意的是，用户画像的精准度依赖于数据质量，建议结合购买记录、搜索行为、社交互动等多渠道数据，避免数据过于单一而导致画像失真。此外，在提示词中需要提供清晰的目标群体，例如本案例提示词中的"25～35 岁都市女性"。还需要明确 DeepSeek 生成的目标内容和方向，例如"重点关注美妆和健身产品"，可以帮助 DeepSeek 生成针对性的内容，提高用户画像的精准度。

3.3.4 用户行为：深入分析并优化策略

分析用户行为数据是指通过收集和解读用户在产品或服务上的互动数据，以了解他们的偏好、习惯和需求，有助于企业识别用户的痛点，优化用户体验，并提高产品的市场适应性。

扫码看效果

DeepSeek 能够帮助企业识别用户的关键行为指标，揭示潜在的用户趋势，预测可能的流失点，并提供针对性的优化建议，从而增强客户的满意度和忠诚度，为企业提供精细化运营的依据。用 DeepSeek 分析用户行为数据的相关案例如下。

请预测电商平台用户在购物车页面的流失原因，并提出减少流失的优化方案。

DeepSeek

电商平台购物车页面用户流失原因预测及优化方案
用户在购物车页面流失是电商平台面临的一大挑战。为了减少流失，我们需要先预测用户流失的原因，然后针对性地进行优化。

一、用户流失原因预测
用户流失的原因多种多样，我们可以通过数据分析、用户调研等方式进行预测，以下是一些常见原因。

- 价格因素

商品价格过高：用户将商品加入购物车后，发现价格超出预期，导致放弃购买。
运费过高：高额运费会增加用户购买成本，导致用户流失。
缺乏价格对比：用户无法方便地对比不同商品的价格，难以做出购买决策。

- 支付环节

支付方式不便捷：平台支持的支付方式有限，用户无法使用习惯的支付方式。
支付流程复杂：支付步骤烦琐，需要填写过多信息，导致用户失去耐心。
支付安全性担忧：用户对平台支付安全性缺乏信任，担心个人信息泄露。

- 商品信息

商品信息不完整：商品描述、图片、评价等信息不完整，用户无法全面了解商品。

商品库存不足：用户准备下单时发现商品缺货，导致无法完成购买。

商品评价不佳：用户查看商品评价后发现差评较多，对商品质量产生怀疑。

- 平台体验

页面加载速度慢：购物车页面加载速度慢，影响用户体验。

页面设计不合理：购物车页面设计混乱，用户无法快速找到所需信息。

缺乏购物车提醒：用户将商品加入购物车后，平台没有及时提醒，导致用户忘记购买。

- 其他因素

……

DeepSeek 分析用户行为的优势如下。

（1）精准优化用户体验：通过分析用户在产品中的行为路径，企业可以发现用户痛点，优化产品布局、交互设计和内容呈现，提升用户体验。

（2）提升转化率：识别影响用户决策的关键因素，如影响下单的页面元素、影响续费的产品功能，针对性调整策略，提高销售或续费率。

（3）降低用户流失率：通过分析用户流失前的行为特征，企业可以提前干预，例如优化引导流程、提供个性化推荐或推出挽回策略，减少客户流失。

需要注意的是，用户行为数据不能孤立分析，需结合用户属性、渠道来源、时间维度等因素，才能形成更完整的用户行为洞察。此外，要警惕过度数据解读，部分用户行为可能是偶然性的，不一定代表真实需求。例如，高跳出率不一定意味着页面设计有问题，也可能是用户仅在浏览信息。

3.3.5 预测未来：解读与洞察数据趋势

在商业决策中，预测未来趋势比单纯回顾历史数据更有价值。企业管理者、市场分析师和投资人都希望提前洞察行业变化、消费趋势和潜在风险，从而优化战略部署。DeepSeek 能够帮助企业进行数据分析，建立趋势预测模型，模拟不同情境下的发展轨迹，预测未来市场需求、销售增长、用户行为变化等，辅助企业精准调整策略。用 DeepSeek 解读与洞察数据趋势的相关案例如下。

扫码看效果

提问

请根据近年来快消品行业的销售数据，预测 2025 年消费者的购买偏好。

DeepSeek

2025 年快消品消费者购买偏好预测

基于近年快消行业销售数据和市场趋势，预计 2025 年消费者的购买偏好将呈现以下特点。

> **1. 健康与功能性**
> 健康意识增强：消费者将更加关注产品的健康属性，如低糖、低脂、低盐、高纤维、无添加等。
> 功能性需求上升：具有特定功能的产品将更受欢迎，如增强免疫力、改善睡眠、促进消化等。
> 天然和有机产品：消费者对天然、有机、无污染产品的需求将持续增长。
> **2. 便捷性与体验**
> 便捷性需求提升：快节奏生活将推动消费者对便捷食品、预制餐、外卖等的需求。
> 个性化体验：消费者希望获得个性化的产品和服务，如定制化包装、口味、配方等。
> 线上线下融合：全渠道购物体验将成为主流，消费者将更加注重线上线下的无缝衔接。
> **3. 可持续性与环保**
> 环保意识增强：消费者将更加关注产品的环保属性，如可回收包装、可持续原料、低碳足迹等。
> 道德消费：消费者将倾向于选择符合道德标准的产品，如公平贸易、动物福利等。
> 循环经济：二手商品、租赁服务等循环经济模式将得到更多关注。
> **4. 科技与创新**
> 智能产品：智能家居、可穿戴设备等科技产品将与快消品结合，提供更智能、便捷的体验。
> 数据驱动：品牌将利用大数据和人工智能技术，精准洞察消费者需求，提供个性化推荐和服务。
> 虚拟现实：虚拟现实技术将应用于产品展示、购物体验等方面，提升消费者的参与度。
> **5. 新兴市场与消费群体：**
> ……

DeepSeek 预测未来市场趋势的优势分析如下。

（1）提前布局市场：DeepSeek 能够识别市场的潜在变化，使企业在竞争中占据先机，例如提前储备热门商品、优化库存管理、调整供应链等。

（2）降低决策风险：利用 AI 的预测能力，企业可以更科学地做出投资、扩张、产品研发等重要决策，避免盲目跟风或滞后调整。

（3）适应市场动态：在经济周期、政策变动、技术革新等因素影响下，市场趋势不断变化，DeepSeek 可以帮助企业实时调整策略，保持竞争优势。

需要注意的是，市场环境不断变化，长期预测的准确性会受限，因此需结合最新数据动态调整预测模型。用户可以在提示词中明确要求 DeepSeek 分析某个时间段的行业数据。

3.3.6 优化运营：分析平台数据调整策略

分析平台数据并调整策略是指对平台中的数据进行深入挖掘，以识别趋势和问题，并据此优化业务决策。使用 DeepSeek 可以加速数据分析过程，提供直观的洞察结果，帮助企业快速识别关键数据点。用 DeepSeek 分析平台数据并调整策略的相关案例如下。

扫码看效果

> **提问**
> 请分析以下平台数据：平台日均访问量下降 10%、新增用户注册量提升 15%。总结原因，提出优化策略建议，以确保提升用户留存率和平台活跃度。

平台数据分析及优化策略

数据表现：
- 日均访问量下降10%：表明平台整体流量下滑，用户访问意愿降低。
- 新增用户注册量提升15%：说明平台拉新效果较好，能够吸引新用户注册。

原因分析：
- 用户留存率低：新增用户增长但访问量下降，说明新用户注册后没有持续使用平台，留存率低。
- 平台活跃度不足：访问量下降可能是由于平台内容吸引力不足、功能体验不佳或用户互动性差，导致用户活跃度降低。
- 外部竞争加剧：可能存在竞争对手分流用户，或市场环境变化导致用户兴趣转移。

优化策略建议：

1. 提升用户留存率
- 优化新用户体验：

  简化注册流程，降低用户门槛。

  提供新手引导，帮助用户快速了解平台功能。

  设置新用户专属福利，提升初期使用体验。

- 增强用户黏性：

  提供个性化推荐，满足用户需求。

  建立用户等级体系，激励用户持续使用。

  定期举办活动，增加用户的参与感。

- 完善用户召回机制：

  对流失用户进行数据分析，找出流失原因。

  通过推送通知、邮件等方式进行精准召回。

  提供召回福利，吸引用户回归。

……

DeepSeek分析平台数据优化运营的优势分析如下。

（1）提升决策精准度：通过DeepSeek自动分析，运营人员可以快速识别业务问题，减少人为判断的主观误差，提高策略的有效性。

（2）实时优化策略：DeepSeek可以动态监测市场和用户行为数据，帮助企业快速调整运营策略，适应市场变化。

（3）适用于各行各业：无论是企业管理、市场营销、供应链优化、客户服务等，DeepSeek都能基于数据提供优化方案，增强决策的科学性。

需要注意的是，数据的完整性、准确性和一致性直接影响分析结果，因此在提示词中，需要提供准确的数据。例如，在这个案例的提示词中，"平台日均访问量下降10%"与"新增用户注册量提升15%"为DeepSeek提供了明确的分析方向。

3.4 本章小结

本章主要围绕 DeepSeek 办公提效进行了深入介绍。首先，为读者介绍了在 DeepSeek 中提升文档处理效率的相关技巧，包括智能排版、文档摘要、生成目录、智能改写和多语言翻译等，减少烦琐的工作；然后介绍了使用 DeepSeek 进行管理升级，优化团队、项目管理方式，强调如何从会议纪要中快速提取待办事项、优化任务分配、拆解复杂工作流，并通过智能日报周报生成提升执行效率；最后介绍了使用 DeepSeek 进行数据分析，辅助精准决策的相关技巧，探索了如何利用 DeepSeek 搜索市场数据、分析用户画像、优化运营策略，并通过可视化呈现让数据决策更直观。

通过掌握本章的技巧和方法，可以显著提升办公效率，减少无效工作，实现从烦琐事务到精准执行的飞跃。

3.5 课后实训

鉴于本章内容的重要性，为了帮助读者更好地掌握所学技能，本节将通过课后实训，帮助读者进行简单的知识回顾和补充。

实训任务：使用 DeepSeek 对一款智能手机新产品进行市场数据分析，相关提示词和回复如下。

扫码看效果

提问

我需要为一款智能手机新产品进入市场做准备，请分析目标地区（如北京、上海、深圳）的消费者偏好和购买力水平。

DeepSeek

智能手机新产品进入市场：北京、上海、深圳消费者偏好及购买力分析

为了帮助您更好地为智能手机新产品进入北京、上海、深圳市场做准备，我将从以下几个方面进行分析。

一、消费者偏好

1. 品牌认知度

北京：作为政治文化中心，北京消费者对国际品牌和国内一线品牌认知度较高，例如苹果、华为、小米等。

上海：作为国际化大都市，上海消费者对时尚、潮流敏感，青睐设计感强、品牌溢价高的产品，例如苹果、三星、OPPO、vivo 等。

深圳：作为科技之都，深圳消费者对科技创新接受度高，对性价比和实用性更为关注，例如华为、小米、荣耀等。

2. 产品功能需求

拍照：三地消费者对手机拍照功能都非常重视，尤其是夜景拍摄、人像模式、视频防抖等方面。

性能：游戏、视频等重度使用场景对手机性能要求高，消费者关注处理器、内存、散热等方面。

续航：快充、无线充电、大电池容量是消费者关注的重点。

外观设计：轻薄、时尚、个性化的外观设计更能吸引消费者眼球。

其他功能：例如 5G、NFC（近场通信）、屏幕指纹识别等功能也逐渐成为消费者关注的焦点。

3. 价格敏感度

……

第 4 章

流程优化，减少重复性的工作

章前知识导读 ▶▶▶▶▶▶▶

在日常办公中，重复性事务往往占据员工大量的时间和精力，不仅影响效率，还容易导致人为错误。通过 DeepSeek 的 AI 技术，企业可以优化审批流程、提升信息复用效率、加强团队协作，实现更高效的流程管理。本章将围绕审批加速、高效复用、团队协作 3 个方面展开，介绍 DeepSeek 在流程优化中的应用。

效果图片欣赏 ▶▶▶▶▶▶▶

4.1 审批加速：告别低效签批流程

在传统的审批流程中，表单填写烦琐、流程环节冗长、审批要点不清晰，导致大量的时间被浪费。DeepSeek 通过智能化的表单生成、流程预警和纪要提炼，可以加速审批流程，让业务流转更加高效。本节将为读者介绍 DeepSeek 在审批流程中的应用。

4.1.1 表单生成：结构化填表零误差

在企业行政、财务报销、人力资源管理等领域，表单填写是不可避免的日常工作。然而，手工填表不仅耗时，还容易出错。DeepSeek 可以根据业务需求，自动生成结构化表单，减少人为失误，提高录入效率。在 DeepSeek 中生成表单的相关案例如下。

扫码看教学

请生成一份员工报销申请表，包含姓名、部门、报销项目、金额、审批人等字段，并提供标准格式。

员工报销申请表
申请人信息

字段	内容
姓名	
部门	
工号	
申请日期	

报销明细

序号	报销项目	费用发生日期	金额（元）	票据张数	备注
1					
2					
3					
4					
5					

合计金额（大写）：¥

审批流程

审批人	职位	审批意见	签名	日期
部门经理				
财务审核				
总经理				

备注：
……

DeepSeek 生成表单的优势分析如下。

（1）自动格式化，减少填表错误。

（2）适用于多种场景，如报销、请假、合同审批。

（3）提升数据规范性，便于后续统计分析。

需要注意的是，在提示词中需要明确表单字段要求，避免遗漏关键内容；还可以结合行业需求，优化字段逻辑和顺序，提升用户填写体验。

4.1.2 流程预警：卡点环节提前优化

在大型企业或政府机构，审批流程涉及多个部门，流程容易卡在某个环节，导致整体审批进度受阻。DeepSeek 可以自动识别审批流程中的瓶颈，并提供预警提醒，确保流程顺畅进行。在 DeepSeek 中优化审批流程并提供预警提醒的相关案例如下。

扫码看教学

提问

请分析以下采购审批流程，找出容易卡点的环节，并提出加速审批的优化建议。采购审批流程如下。

1. 请购：需求部门填写采购申请单，明确采购物品的名称、规格、数量及预算，经部门负责人审核后提交采购部门。
2. 审批：采购部门对申请单进行初步审核，然后提交财务部门审核预算，必要时由公司高层管理人员最终审批，确保采购需求合理、预算可行。
3. 采购执行：审批通过后，采购部门与供应商协商确定价格、质量、交货期等条款，签订合同并执行。
4. 验收与付款：采购物品到货后，相关部门验收合格，采购部门提交付款申请至财务部门审核，审核通过后付款。
5. 记录存档：采购过程中相关文件存档备查，确保采购活动合规、可追溯。

DeepSeek

采购审批流程卡点分析

1. 请购环节

卡点：需求部门填写采购申请单时，可能存在信息不完整或不准确的情况，导致后续审核环节反复沟通，延误时间。

优化建议：

- 提供标准化的采购申请模板，明确必填项和格式要求，减少信息遗漏。
- 引入自动化表单验证工具，确保申请单填写完整、准确后再提交。

2. 审批环节

卡点：

- 采购部门初步审核时，可能因信息不清晰或预算不合理而退回申请，导致流程反复。
- 财务部门审核预算时，可能因预算不足或不符合财务政策而延迟审批。
- 高层管理人员审批时，可能因时间安排问题导致审批延迟。

优化建议：
- 引入电子审批系统，实现审批流程自动化，减少人工传递和等待时间。
- 设置预算预警机制，提前识别预算问题，避免审批时才发现预算不足。
- 高层管理人员审批环节可设置优先级，紧急采购申请可优先处理，或授权给特定人员代为审批。

3. 采购执行环节

卡点：采购部门与供应商协商时，可能因价格、质量或交货期等问题反复沟通，导致采购执行延迟。

优化建议：

……

DeepSeek 流程预警的优势分析如下。

（1）实时识别阻碍审批进度的关键节点。

（2）提前提醒相关人员，提高响应速度。

（3）减少审批延误，提高整体工作效率。

需要注意的是，在提示词中需要结合企业的实际审批流程，准确设定预警阈值；不能仅依赖系统提醒，还要优化审批链条，减少不必要环节。

4.1.3 纪要生成：自动提炼审批重点

在审批会议、合同审查、项目立项讨论等场景中，手动记录会议纪要不仅烦琐，而且容易遗漏关键信息。DeepSeek 可以自动提炼审批过程中的关键决策点，帮助相关人员更快理解和执行审批结果。在 DeepSeek 中生成纪要并自动提炼审批重点的操作方法如下。

扫码看教学

STEP 01 在 DeepSeek 中，❶单击输入框中的"上传附件（仅识别文字）"按钮 ；❷上传一份合同审批会议文档，如图 4-1 所示。

图 4-1 上传一份合同审批会议文档

STEP 02 输入并发送提示词，即可让 AI 根据提示词快速提炼关键信息，相关提示词和回复如下。

> 提问
>
> 请总结本次合同审批会议的纪要，提炼出审批通过的关键要点、修改意见和最终决策。

DeepSeek

合同审批会议纪要总结

会议主题：
审议并确定与XX广告公司签订的《2025年度市场推广服务合同》最终条款，确保合规性、风险控制及业务目标达成。

会议时间：
2024年11月15日 14:00－16:30

参会人员：
- 主持人：张伟（市场部经理）
- 记录人：李华（市场部助理）
- 审批部门代表：王芳（法务部主管）、赵雷（财务部总监）、陈晨（业务运营部主管）、刘洋（销售部总监）
- 其他人员：技术部代表周明（视频连线）

会议目的：
1. 审核合同条款的合法性、财务可行性及业务匹配度。
2. 明确广告公司服务范围、考核标准及违约责任。
3. 协调部门间争议点，确定最终修改方案。

审批通过的关键要点：
1. 服务内容与考核标准：
- 数据考核指标确定为"转化率≥5%，曝光量≥100万次／月"。
- 广告公司需每月提交数据报告，未达标则扣除当月服务费的10%。
- 响应时间调整为"48小时内"，但需支付加急服务费（额外5%费用）。
2. 付款方式与财务条款：
- 预付款30%、中期款30%、尾款40%，但尾款中10%作为"效果保证金"（根据年度投资回报率结算）。
- 发票类型为增值税专用发票，开票时间为付款后7个工作日内。

……

DeepSeek生成纪要并提炼审批重点的优势分析如下。

（1）自动提炼核心内容，提高阅读效率。

（2）减少人工记录负担，避免遗漏关键信息。

（3）适用于各类审批场景，如采购、预算、人事变动。

需要注意的是，在提示词中需要明确会议主题，防止生成内容偏离重点。此外，DeepSeek生成的纪要需经过人工核对，确保准确性。

4.2 高效复用：终结机械劳动流程

在日常工作中经常需要频繁处理类似的任务，如回答重复性问题、查找历史资料、对比合同条款等。DeepSeek 通过 AI 技术可以帮助企业员工减少重复劳动，提高工作效率。本节将为读者介绍在 DeepSeek 中智能优化 FAQ（常见问题）更新、语义检索、条款比对、模板填充等工作流程的方法。

4.2.1 重点提取：制度核心快速抓取

企业内部的管理制度、政策文件往往篇幅较长，员工查阅和理解成本较高，容易导致执行偏差或遗漏关键要求。DeepSeek 通过智能提取核心要点，帮助员工快速掌握制度精髓，提高执行效率。在 DeepSeek 中提取制度核心重点的操作方法如下。

扫码看教学

STEP 01 在 DeepSeek 中，❶单击输入框中的"上传附件（仅识别文字）"按钮 ⏀；❷上传一份人事管理制度文档，如图 4-2 所示。

图 4-2　上传一份人事管理制度文档

STEP 02 输入并发送提示词，即可让 AI 根据提示词提取制度中的核心重点，相关提示词和回复如下。

提问

请从上传的公司人事管理制度中提取核心要点，重点涵盖考勤规定、绩效考核和请假流程。

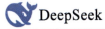

从上传的公司人事管理制度中，提取的核心要点如下。

考勤规定

1. 工作时间：
- 标准工时制：周一至周五，上午 9:00～12:00，下午 13:30～18:00。
- 考勤方式：指纹打卡或人脸识别。
- 迟到处理：迟到 30 分钟以内视为迟到，超过 30 分钟按缺勤半天计算。

2. 加班管理：
- 加班需提前填写《加班申请单》，经审批后执行。
- 加班补偿：
工作日加班：按 1.5 倍时薪支付或调休。
法定节假日加班：按 3 倍时薪支付。

绩效考核

1. 考核周期：
季度考核（占年度绩效 30%）＋年度考核（占 70%）。

> 2. 考核内容：
> 工作成果（60%）、能力素质（30%）、团队协作（10%）。
> 3. 结果应用：
> - 优秀（≥ 90 分）：年终奖上浮 20%。
> - 待改进（< 60 分）：制订改进计划，连续两次不达标可调岗或辞退。
>
> **请假流程**
> 1. 请假类型：
> - 事假：需提前 1 天申请，全年累计不得超过 15 天。
> - 病假：需提供医院诊断证明，薪资按日薪的 60% 发放。
> - 婚假：3 天（晚婚增加 7 天），需提供结婚证。
> - 产假/陪产假：按国家及地方规定执行。
> ……

DeepSeek 提取制度核心的优势分析如下。
（1）自动识别关键信息，减少阅读负担。
（2）提升制度执行力，降低合规风险。
（3）适用于各类规章制度，如人事、财务、安全生产等。

需要注意的是，这个方法比较适用于结构化较好的文件，对于内容较为散乱的文本，可能需要手动优化结果。并且，DeepSeek 提取的重点需要结合实际业务需求调整，避免遗漏关键内容。

4.2.2　FAQ 更新：常见问题自动优化

企业客服、内部知识库和用户支持文档中的 FAQ 需要定期更新，以适应业务变化和用户需求。然而，手动维护 FAQ 不仅费时费力，还容易遗漏关键问题。DeepSeek 可自动分析客户咨询记录，识别高频问题，并优化 FAQ，使其更精准、及时、易用。在 DeepSeek 中更新 FAQ 的操作方法如下。

扫码看教学

STEP 01 在 DeepSeek 中，❶单击输入框中的"上传附件（仅识别文字）"按钮 ⏣，❷上传一份客户咨询记录，如图 4-3 所示。

图 4-3　上传一份客户咨询记录

STEP 02 输入并发送提示词，即可让 AI 根据提示词分析客户咨询记录并提供优化建议，相关提示词和回复如下。

第 4 章 流程优化，减少重复性的工作

> 提问
> 请根据上传的客户咨询记录，分析出现频率最高的 5 个问题，并根据现有 FAQ 内容优化对应的回答。

DeepSeek

根据上传的客户咨询记录，出现频率最高的 5 个问题如下：

1. 售后服务响应慢（出现 4 次）
2. 产品功能缺陷（出现 3 次）
3. 物流延迟（出现 3 次）
4. 合同条款争议（出现 3 次）
5. 付款系统故障（出现 2 次）

针对这 5 个高频问题，优化后的 FAQ 回答如下：

1. 售后服务响应慢

问题：售后服务响应慢，客户投诉处理时间过长。

优化后的 FAQ 回答：

问：为什么售后服务响应时间较长？

答：我们非常重视客户的售后服务体验。目前，由于客服派单流程较为复杂，导致响应时间较长。我们已上线智能工单系统，承诺在 2 小时内响应客户需求，并优化了内部流程，确保问题能够快速解决。如果您遇到紧急问题，请拨打我们的 24 小时紧急服务热线，我们将优先处理。

问：如果售后服务响应超时，是否有补偿？

答：是的，如果我们的售后服务响应时间超过承诺的 2 小时，我们将根据具体情况提供相应的补偿，如延长服务期、提供免费维修或补偿费用等。

2. 产品功能缺陷

问题：产品功能存在缺陷，影响客户正常使用。

优化后的 FAQ 回答：

问：产品功能出现问题怎么办？

……

DeepSeek 更新 FAQ 的优势分析如下。

（1）基于数据优化 FAQ，提高用户自助解决率。

（2）动态调整问题库，减少客服的重复工作。

（3）适用于多个行业，如电商、SaaS、IT 支持等。

需要注意的是，必须定期导入最新的用户咨询数据，以保持 FAQ 的时效性。并且，DeepSeek 生成的 FAQ 需要经过人工审核，避免因 AI 理解偏差出现误导性回答。

4.2.3 语义检索：秒级定位历史经验

在企业运营、法律咨询、技术研发等领域，员工经常需要查找过往案例、历史决策或技术文档。传统的关键词检索模式往往难以精准定位关键信息，而 DeepSeek 的语义

扫码看教学

检索能力可以理解用户查询的真实意图,在海量文档中秒级匹配最相关的历史经验,提升搜索效率。在 DeepSeek 中语义检索的操作方法如下。

STEP 01 在 DeepSeek 中,❶单击输入框中的"上传附件(仅识别文字)"按钮 ⓤ;❷上传一份项目汇总文档,如图 4-4 所示。

图 4-4 上传一份项目汇总文档

STEP 02 输入并发送提示词,即可让 AI 根据提示词检索关键词并回答问题,相关提示词和回复如下。

> **提问**
> 请基于上传的项目汇总文档,检索"医疗影像",并回答:"过去三年内,公司在类似项目中的最佳解决方案是什么?"

> **DeepSeek**
> 在过去 3 年内,公司在类似医疗影像项目中的最佳解决方案主要体现在医疗影像云平台项目中。具体的最佳解决方案包括:
> 1. 轻量化客户端+区域缓存服务器:针对基层医院网络带宽不足的问题,公司推出了轻量化客户端,并结合区域缓存服务器,有效缓解了网络带宽压力,确保医疗影像数据能够快速传输和访问。
> 2. 数据隐私保护:通过采用区块链技术,确保医疗数据的隐私和安全,防止数据篡改和泄露。同时,公司还通过了 ISO 27001 认证,并建立了数据脱敏流程,进一步降低了医疗数据的合规风险。
> 3. AI 辅助诊断模块:开发了 AI 辅助诊断模块,特别是在肺结节检测方面,准确率达到了 98.5%,显著提升了基层医疗机构的影像诊断能力。
> 这些解决方案不仅解决了基层医疗机构影像诊断资源不足的问题,还确保了数据的安全性和合规性,提升了整体医疗服务的效率和质量。

DeepSeek 语义检索的优势分析如下。

(1)摆脱死板的关键词匹配,理解查询意图。

(2)秒级返回历史经验,减少重复摸索的时间成本。

(3)适应不同行业,如法律、财务、产品研发等。

需要注意的是,在设计 AI 提示词时,如涉及敏感数据(如法律或财务信息),建议在提示词中设置权限控制,确保合规性。此外,语义检索的效果依赖于数据质量,需要确保文档的完整性和结构化。

4.2.4 条款比对：差异内容自动提取

在合同审核、法规修订、产品说明书更新等场景中，不同版本的条款往往存在细微但关键的变动。人工比对容易忽略修改点，影响决策效率。DeepSeek 的智能比对功能可以自动分析两个或多个文档之间的差异，并将关键变动提取出来，帮助用户快速识别修订点，确保文件准确无误。在 DeepSeek 中进行条款比对的操作方法如下。

STEP 01 在 DeepSeek 中，❶单击输入框中的"上传附件（仅识别文字）"按钮 ；❷上传两份产品说明书，如图 4-5 所示。

图 4-5　上传两份产品说明书

STEP 02 输入并发送提示词，即可让 AI 根据提示词比对两份产品说明书，相关提示词和回复如下。

> **提问**
>
> 请比对上传的两份产品说明书，提取所有新增、修改或删除的条款，并总结主要变化点。

DeepSeek

主要变化点总结
通过对两份产品说明书的比对，以下是新增、修改或删除的条款及主要变化点。

1. 产品型号与概述

新增：
- 升级版型号为 RelaxPro — AI Plus，基础版型号为 RelaxPro — Basic。
- 升级版增加了 AI 压力传感芯片、3D 机械手技术、语音控制、健康检测及个性化程序定制等功能。
- 升级版强调媲美专业按摩师的精准体验，基础版则侧重于日常放松。

修改：
基础版概述为"专为日常放松设计"，升级版概述为"高端智能按摩椅，满足深度放松与健康管理需求"。

2. 核心功能

新增：
AI 智能按摩系统：
- 3D 立体机芯：6 级伸缩调节，深度触达肌肉筋膜层。
- 体型检测：红外扫描自动识别身高、肩宽，定制专属按摩路径。

> 智能健康管理：
> - 心率与压力监测：内置传感器实时监测身体数据，生成健康报告。
> - 疲劳指数分析：通过 App 查看每日疲劳值，推荐按摩方案。
>
> 多场景模式：
> - 8 种预设程序（瑜伽拉伸、运动恢复、深度睡眠等）＋用户自定义模式。
> - 支持手机 App 远程操控，预约按摩时间。
>
> 沉浸式体验升级：
> - 蓝牙音响系统：支持手机连接，配合按摩节奏播放音乐。
> - 热敷功能：腰背部位恒温 42℃热敷，驱寒放松。
>
> ……

DeepSeek 条款比对的优势分析如下。

（1）高效比对，秒级识别条款差异，减少人工核对时间。

（2）精准提取关键变更，确保用户聚焦核心信息。

（3）可结合自动生成摘要，便于高层决策和团队共享。

（4）适用于法律、金融、企业合规、产品研发等多种行业场景。

需要注意的是，在上传文档时，使用标准化文本格式（如 Word、TXT）可提升 DeepSeek 比对的准确度，避免因格式差异导致误判。

4.2.5　模板填充：数据智能匹配字段

在日常办公中，合同、报告、邮件、财务报表等文档通常需要重复填充大量相似的数据。手动输入不仅容易出错，还耗费时间。DeepSeek 具备智能模板填充能力，能够自动匹配字段，从数据库、表单或历史文档中提取关键信息，并精准填充至相应位置，减少重复劳动，提高工作效率。在 DeepSeek 中进行模板填充的操作方法如下。

扫码看教学

STEP 01 在 DeepSeek 中，❶单击输入框中的"上传附件（仅识别文字）"按钮 ；❷上传一份数据表和一份邮件模板文档，如图 4-6 所示。

图 4-6　上传一份数据表和一份邮件模板文档

STEP 02 输入并发送提示词，即可让 AI 根据提示词提取数据表中的内容并填充至邮件模板中，相关提示词和回复如下。

> **提问**
> 请根据上传的数据表，将信息填充至邮件模板的对应字段，并确保格式统一。

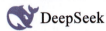

根据提供的数据表和邮件模板，填充后的邮件内容如下：
发送方：张三
接收方：李四
合同/报告编号：20250901
项目名称：ZY项目
日期：2025年9月1日
尊敬的李四：
您好！
兹有张三与李四就ZY项目签订本合同/提交本报告。
具体条款/内容如下：
合同/报告编号：本合同/报告的编号为20250901。
项目名称：本合同/报告涉及的项目名称为ZY项目。
合同金额/报告费用：根据本合同/报告规定，合同金额/报告费用总计为100000。
备注：详见附件。
请查收附件中的详细文件，如有任何疑问或需要进一步沟通，请随时与我联系。
此致
敬礼！
……

DeepSeek模板填充的优势分析如下。

（1）减少重复劳动：从数据库或历史文档中智能提取数据，避免手动复制、粘贴。

（2）精准匹配字段：自动识别文本结构，确保信息填充到正确位置。

（3）格式统一标准化：保证字体和段落格式一致，避免人工调整。

（4）适用于多种场景：适用于人事合同、财务报表、销售报告、法律文书等。

需要注意的是，在上传文档时，建议采用结构清晰的文档，例如带有表格化字段定义的文档，以提升AI识别的准确率。同时，要确保填充的数据准确无误，避免因源数据错误导致后续问题。

4.3 团队协作：提升沟通与执行效率

团队协作的效率往往受到沟通不畅、任务执行混乱、风险应对不足等因素的影响。DeepSeek通过AI技术可以帮助团队优化沟通方式、提升执行力、减少协作风险，最终实现高效、稳定的工作流程。本节将为读者介绍在团队协作过程中，利用DeepSeek提升沟通与执行效率的方法。

4.3.1 话术推荐：沟通模板即时调用

在日常工作中，团队成员常常需要在不同场景下进行沟通，例如客户沟通、内部汇报、项目协调等。如果每次都从零开始撰写沟通内容，既费时又容易出错。DeepSeek 可根据不同业务场景提供标准话术模板，让沟通更加精准高效。使用 DeepSeek 智能生成标准话术模板的相关案例如下。

扫码看教学

提问

请根据以下客户咨询内容，生成一份专业的客服回复，语气正式，确保清晰传达解决方案。
客户咨询内容如下：
我最近想尝试制作一些短视频来宣传我的产品，听说你们的视频平台现在有 AI 短视频生成技术，想了解一下。我之前没有这方面的经验，不知道 AI 短视频生成是怎么操作的，需要准备哪些素材？另外，我想知道你们的 AI 短视频生成服务能否满足我的需求，比如能不能定制视频的风格、时长，以及大概的费用是多少？

DeepSeek

尊敬的客户，您好！

感谢您对我们 AI 短视频生成技术的关注与咨询。我们非常乐意为您详细介绍相关服务，并解答您的疑问。

1. AI 短视频生成的操作流程

我们的 AI 短视频生成技术旨在简化视频制作流程，即使您没有相关经验，也能轻松上手。操作步骤如下：

素材准备：您需要提供以下素材。

产品图片或视频：用于展示您的产品。

文字内容：如产品介绍、宣传标语等。

音频或背景音乐（可选）：您可以选择上传自定义音频，或使用我们提供的音乐库。

品牌标识（可选）：如 Logo（标识）、品牌色调等，以便视频风格与品牌一致。

上传素材：通过我们的平台上传您准备好的素材。

选择模板：我们提供多种视频模板，您可以根据需求选择合适的风格。

AI 生成：系统会根据您的素材和选择，自动生成短视频。

预览与调整：生成视频后，您可以预览并进行微调，如修改文字、调整时长等。

2. 定制化服务

我们的 AI 短视频生成服务支持高度定制化，能够满足您的个性化需求。

视频风格：您可以选择不同的风格模板，如简约、时尚、科技感等，也可以根据品牌调性进行定制。

视频时长：视频时长可根据您的需求灵活调整，通常建议在 15～60 秒之间，以确保最佳传播效果。

品牌元素：您可以添加品牌 Logo、专属色调等元素，确保视频与品牌形象一致。

3. 费用说明

我们的 AI 短视频生成服务提供多种套餐，费用根据您的具体需求而定。

基础套餐：适合初次尝试的用户，包含基础模板和标准时长，费用为 XX 元/视频。

……

DeepSeek 话术推荐的优势分析如下。
（1）提高沟通效率：无须反复编辑，可快速调用标准话术。
（2）确保沟通专业性：避免因语言不当或表达模糊导致误解。
（3）支持多场景应用：适用于客户沟通、内部协作、邮件回复等。

需要注意的是，在设计 AI 提示词时需结合实际业务，确保推荐话术符合行业规范。此外，标准话术适用于常见场景，但关键沟通仍需人工调整。

4.3.2 进度看板：全局可视化追踪

团队在执行任务时，缺乏全局视角容易导致进度脱节、优先级混乱。DeepSeek 可自动生成任务进度看板，实时展示各项工作的状态、负责人和截止日期，帮助团队高效追踪任务进展。使用 DeepSeek 生成任务进度看板的相关操作如下。

扫码看教学

STEP 01 在 DeepSeek 中，❶单击输入框中的"上传附件（仅识别文字）"按钮 📎；❷上传一份任务列表，如图 4-7 所示。

图 4-7 上传一份任务列表

STEP 02 输入并发送提示词，即可让 AI 根据提示词生成一个可视化的进度看板，相关提示词和回复如下。

> **提问**
> 请根据上传的任务列表，生成一个可视化的进度看板，标注任务状态及负责人。

>
>
> 根据提供的任务列表，我将生成一个可视化的进度看板，标注任务状态及负责人。进度看板将使用表格形式呈现，任务状态将通过颜色标注，以便更直观地展示项目进展。
>
> | 任务编号 | 任务名称 | 时间范围 | 负责人 | 状态 | 备注 |
> |---|---|---|---|---|---|
> | 任务 1 | 短视频创意构思 | 3月25日－3月27日 | 张三 | 已完成 | 需与市场部沟通目标受众 |
> | 任务 2 | 脚本撰写 | 3月28日－4月1日 | 李四 | 已完成 | |
> | 任务 3 | 素材收集 | 3月29日－4月2日 | 王五 | 进行中 | 需提前预约场地和演员 |
> | 任务 4 | 拍摄准备 | 4月3日－4月4日 | 赵六 | 进行中 | |
> | 任务 5 | 正式拍摄 | 4月5日－4月6日 | 赵六 | 未开始 | |

（续表）

任务编号	任务名称	时间范围	负责人	状态	备注
任务6	视频剪辑	4月7日—4月10日	周七	未开始	
任务7	视频审核	4月11日—4月12日	吴八	未开始	
任务8	视频发布	4月13日—4月14日	郑九	未开始	

状态说明：
已完成：任务已验收通过。
进行中：任务已启动但未完成。
未开始：任务尚未启动。
项目管理备注：
1. 时间安排可根据实际进度进行调整。
2. 负责人需每日汇报进展至项目管理工具。
3. 出现延期风险时，24小时内上报总负责人（张三）。
4. 跨部门协作任务（如任务1、3）需留存沟通记录。
……

DeepSeek生成进度看板的优势分析如下。
（1）实时可视化任务进展，避免遗漏关键任务。
（2）明确责任分工，确保任务执行到位。
（3）快速调整优先级，提高项目灵活性。

4.3.3 风险预测：提前规避执行漏洞

项目推进过程中，潜在风险（如资源不足、时间延误、执行偏差）往往是影响结果的关键因素。DeepSeek可通过数据分析、历史案例比对等，提前识别执行风险，并提供优化建议。使用DeepSeek进行风险预测的相关案例如下。

扫码看教学

提问

请分析以下项目计划，预测可能存在的执行风险，并提供优化方案。项目计划如下。
本项目旨在3个月内推出一款具备健康监测与运动追踪功能的智能手环。第1个月，完成市场调研与需求分析，确定产品功能与设计方向，同时组建包括硬件工程师、软件工程师与设计师的开发团队。第2个月，开展硬件设计与组装，搭建软件架构，完成初步原型机，并进行内部测试与优化。第3个月，完善产品，开展大规模测试，收集用户反馈进行改进，完成生产准备，启动首批量产，并上线电商平台销售。项目预算预计100万元，涵盖研发、测试、生产与推广等环节。

项目计划分析及潜在风险预测
1. 市场调研与需求分析阶段（第1个月）
潜在风险：
市场调研不充分：如果市场调研不够深入，可能导致产品功能与市场需求不匹配，影响后续销售。

需求分析偏差：需求分析过程中，可能忽略某些关键用户需求，导致产品功能设计不符合用户期望。

团队组建延迟：如果无法及时招聘到合适的硬件工程师、软件工程师和设计师，可能影响后续开发进度。

优化方案：

多维度市场调研：采用多种调研方式（如问卷调查、用户访谈、竞品分析等），确保全面了解市场需求。

用户参与需求分析：邀请潜在用户参与需求分析过程，确保产品功能设计符合用户实际需求。

提前启动招聘：在项目启动前，提前进行招聘工作，确保团队能够按时组建完成。

2. 硬件设计与软件开发阶段（第2个月）

潜在风险：

硬件设计复杂度高：健康监测与运动追踪功能可能涉及复杂的传感器和算法，设计难度较大，可能导致进度延迟。

软件架构不稳定：软件架构设计不合理可能导致后续开发过程中频繁修改，影响整体进度。

原型机测试问题：内部测试中可能发现硬件或软件的严重问题，导致需要重新设计或开发。

优化方案：

模块化设计：采用模块化设计思路，将硬件和软件功能分解为多个独立模块，降低设计复杂度，便于并行开发。

敏捷开发：采用敏捷开发方法，分阶段迭代开发软件，确保每个阶段的功能稳定，减少后期大规模修改的风险。

早期测试：在原型机开发过程中，尽早进行小规模测试，及时发现并解决问题，避免后期大规模返工。

3. 产品完善与量产准备阶段（第3个月）

……

DeepSeek 风险预测的优势分析如下。

（1）提前发现瓶颈，减少突发问题对进度的影响。

（2）优化资源配置，降低因人员或资金问题导致的风险。

（3）提供数据支持，帮助管理者做出科学决策。

需要注意的是，在设计 AI 提示词时，用户可以向 DeepSeek 提供历史数据，以便 AI 进行数据分析或案例比对，从而提高风险预测的准确度。

4.3.4 自动复盘：经验沉淀标准化

项目完成后，如果没有系统化复盘，经验往往难以积累，团队可能会在相似项目中重复犯错。DeepSeek 可以自动分析任务执行过程，提炼成功经验与失败教训，生成结构化的复盘报告。使用 DeepSeek 进行项目复盘的相关案例如下。

扫码看教学

> **提问**
>
> 请根据以下项目数据，生成一份标准化复盘报告，包括成功经验、改进建议及未来优化方向。
> 项目数据如下。
> 企业培训系统开发项目，周期3个月，预算40万元，团队7人。成功之处在于按时上线，功能完整，涵盖课程管理、在线考试、进度跟踪等模块，用户反馈良好，培训参与度提升30%，系统稳定性高，无重大故障。然而，项目初期需求调研不充分，导致部分功能与用户实际需求脱节，后期需二次开发；同时，营销推广不足，系统上线后用户增长缓慢，未达到预期的月活用户数。

DeepSeek

企业培训系统开发项目复盘报告
一、项目概述
项目名称：企业培训系统开发
项目周期：3个月
项目预算：40万元
项目团队：7人
二、项目成果
成功上线：项目按时完成并成功上线，系统功能完整，涵盖课程管理、在线考试、进度跟踪等核心模块。
用户认可：用户反馈良好，培训参与度提升30%，系统稳定性高，运行期间无重大故障。
目标达成：项目基本实现了预期目标，为企业搭建了高效的培训平台。
三、成功经验
高效的项目管理：项目团队制定了合理的项目计划，并严格执行，确保了项目按时上线。
良好的团队协作：团队成员分工明确，沟通顺畅，高效协作，共同克服了项目中的各种挑战。
注重系统稳定性：项目团队高度重视系统稳定性，进行了充分的测试和优化，确保了系统上线后的稳定运行。
四、改进建议
加强需求调研：项目初期应进行更充分的需求调研，深入了解用户实际需求，避免后期出现功能与需求脱节的情况。
优化开发流程：在开发过程中，应加强与用户的沟通，及时获取反馈并进行调整，避免后期进行大规模的二次开发。
制定营销推广计划：系统上线前应制定完善的营销推广计划，提高系统知名度，吸引更多用户使用。
……

DeepSeek自动复盘的优势分析如下。

（1）降低重复犯错概率，让经验沉淀可复用。

（2）结构化总结，便于后续参考和优化。

（3）减少人工整理时间，提升复盘效率。

需要注意的是，在设计AI提示词时，需确保数据全面，才能得到精准的复盘结论。

4.3.5 权限管理：敏感信息智能脱敏

在团队协作中，不同角色的成员可能需要访问不同级别的信息。DeepSeek 可基于权限设定，自动识别敏感信息，并进行智能脱敏处理，确保数据的安全性。使用 DeepSeek 进行智能脱敏处理的相关操作如下。

扫码看教学

STEP 01 在 DeepSeek 中，❶单击输入框中的"上传附件（仅识别文字）"按钮 ⓪；❷上传一份文档，如图 4-8 所示。

图 4-8 上传一份文档

STEP 02 输入并发送提示词，即可让 AI 根据提示词生成适用于内部分享的版本，相关提示词和回复如下。

提问

请分析上传的文档内容，自动脱敏涉及的客户隐私信息，并生成适用于内部分享的版本。

 **DeepSeek**

客户 A
性别：已脱敏
年龄：已脱敏
联系方式：已脱敏
需求概述：需要定制化解决方案，关注产品性能与服务响应速度。
合作意向：高，已进入谈判阶段。
客户 B
性别：已脱敏
年龄：已脱敏
联系方式：已脱敏
需求概述：对成本敏感，关注性价比与售后服务。
合作意向：中，需进一步沟通需求。
项目进度
当前阶段：需求分析完成，进入设计阶段。
预计交付时间：2025 年 5 月 15 日。

> 分工安排
> 产品经理：负责需求梳理与功能规划。
> 开发团队：负责系统开发与技术实现。
> 设计团队：负责界面设计与用户体验优化。
> 市场团队：负责客户沟通与推广策略制定。
> 下一步计划
> 本周目标：完成系统架构设计与界面原型。
> ……

DeepSeek 智能脱敏的优势分析如下。

（1）保护敏感数据，避免信息泄露风险。

（2）自动化处理，减少手动筛查的工作量。

（3）灵活适配不同权限，确保数据共享的合规性。

需要注意的是，在设计 AI 提示词时，需确保数据的全面性，以实现精准的脱敏效果。

4.4 本章小结

本章主要围绕 DeepSeek 流程优化进行了深入介绍。首先，为读者介绍了 DeepSeek 在审批加速方面的应用，包括表单自动生成、流程预警、纪要智能提炼等，加快审批进程，减少人工干预；然后介绍了 DeepSeek 在高效复用流程方面的应用，包括重点提取、FAQ 更新、语义检索、条款比对、模板填充等，实现知识和经验的高效复用，避免重复劳动；最后介绍了 DeepSeek 在团队协作方面的应用，包括智能话术推荐、进度可视化、风险预测等，提升团队沟通与执行效率，确保任务顺利推进。

通过学习本章的技巧和方法，可以利用 DeepSeek 的 AI 技术赋能工作流程，减少人为干预，提高协作效率，为企业降本增效提供强有力的支持。

4.5 课后实训

鉴于本章内容的重要性，为了帮助读者更好地掌握所学技能，本节将通过课后实训，帮助读者进行简单的知识回顾和补充。

实训任务：使用 DeepSeek 将采购数据表中的内容填充到采购合同模板中，相关的操作步骤如下。

扫码看教学

STEP 01 在 DeepSeek 中，❶单击输入框中的"上传附件（仅识别文字）"按钮 ；❷上传一份采购数据表和一份采购合同模板，如图 4-9 所示。

STEP 02 输入并发送提示词，即可让 AI 根据提示词将采购数据表中的内容填充到采购合同模板中，相关提示词和回复如下。

第 4 章 流程优化，减少重复性的工作

图 4-9　上传两份文档

提问

请根据上传的采购数据表，将信息填充至采购合同模板的对应字段，并确保格式统一。

以下是填充后的采购合同内容，基于采购数据表中的信息与模板字段对应完成，缺失字段已标注说明：

采购合同

合同编号：HT0401-001

签约日期：4 月 1 日

甲方（采购方）：RU 公司

地址：

甲方地址，此处省略

法定代表人：

甲方法定代表人，此处省略

乙方（供应方）：YE 供应商

地址：

乙方地址，此处省略

法定代表人：

乙方法定代表人，此处省略

鉴于甲方希望向乙方采购以下物品，双方经友好协商，达成如下协议：

一、采购物品及规格

采购物品：电脑、打印机、办公家具

数量：电脑 10 台，打印机 5 台，办公家具一套

单价：电脑 8000 元 / 台，打印机 2000 元 / 台，办公家具 15000 元 / 套

总金额：105000 元（大写：壹拾万伍仟元整）

二、付款方式

预付 30%，货到验收后付 70%。

三、交货日期及地点

交货日期：4 月 30 日

……

99

第5章

文案创作,让灵感不再枯竭

 章前知识导读 ▶▶▶▶▶▶▶

在内容营销、广告创意、社交媒体运营等领域,优质的文案是吸引受众、提升品牌影响力的关键。然而,许多创作者面临灵感枯竭、表达冗长、逻辑混乱、缺乏情感触达等挑战。DeepSeek作为强大的AI赋能工具,不仅能够帮助用户快速生成创意,还能对文案进行优化与质量提升,确保内容精准、高效、富有吸引力。本章将深入探讨DeepSeek在文案创作中的应用,从灵感激发到文案优化,再到质量提升,系统化解决文案创作难题,使每一篇文案都具备高价值和传播力。

 效果图片欣赏 ▶▶▶▶▶▶▶

5.1 创意激发：DeepSeek 的灵感引擎

灵感的缺乏是许多内容创作者面临的难题。常见的方法如翻阅资料、查阅竞品、浏览社交媒体，往往耗时且难以找到独特角度。DeepSeek 通过大规模语料学习和语义分析，提供关键词扩展、逆向思维、热点联想、情绪视觉化等多种创意方法，帮助用户迅速打开思路。本节主要为读者介绍如何利用 DeepSeek 激发创意灵感的方法。

5.1.1 头脑风暴：30 秒产出 100 ＋关键词

文案创作的第一步通常是确定核心概念，但许多创作者在起步阶段容易遇到思路受限、关键词数量不足、局限于已有认知、难以拓展内容的情况。DeepSeek 通过语义扩展和关联词生成，可以在短时间内根据输入的主题自动衍生大量关键词，并按不同类别进行归纳，帮助创作者迅速打开思路，摆脱创作瓶颈。在 DeepSeek 中，头脑风暴生成 100 ＋关键词的相关案例如下。

扫码看教学

提问

请围绕【智能健身镜】进行头脑风暴，生成 100 ＋关键词，并按以下类别分类。
1. 产品功能
2. 目标用户
3. 使用场景
4. 市场趋势
5. 竞争优势
6. 相关联想

DeepSeek

1. 产品功能
实时动作纠正
虚拟教练
个性化训练计划
体态分析
心率监测
卡路里消耗计算
语音交互
手势控制
3D 运动演示
多语言支持
课程直播
运动数据存储
社交分享

健身游戏化
瑜伽模式
力量训练
有氧运动
……

DeepSeek 关键词生成能力的优势分析如下。

（1）精确控制关键词分类：通过设定多个类别，确保关键词覆盖不同创意方向，避免零散无序。

（2）大规模拓展词汇：DeepSeek 可以结合行业趋势、用户痛点，迅速扩展与主题相关的高频关键词。

（3）提升关键词质量：生成的关键词不只是简单的同义词替换，而是基于行业背景和语义关系，提供真正可用的创意词。

需要注意的是，在提示词中可以结合具体的应用场景调整关键词生成的范围。如果是高端品牌，提示词应强调奢华、精准、科技感；如果是大众品牌，则应突出实惠、易用、亲民等词汇。

5.1.2 反向提问：从答案倒推优质内容

反向提问是一种逆向思维写作法，其核心逻辑是先设定目标答案，再推导出关键问题，从而构建更有逻辑性和深度的内容框架。当创作者不知道如何下笔时，往往容易陷入内容空泛、缺乏深度的困境。DeepSeek 可以基于输入的答案，反向推演出最关键的问题，并提供相应的内容结构，帮助创作者建立更有逻辑性的文章脉络。在 DeepSeek 中，反向提问从既定答案倒推出关键问题的相关案例如下。

扫码看教学

> 提问
>
> 已知最终答案是【智能家居让生活更便捷】，请反向推导出 10 个关键问题，以支持这一观点，并提供详细的回答思路。

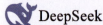

反向推导的 10 个关键问题及回答思路：
问题 1：智能家居如何通过自动化节省用户时间？
回答思路：
举例自动化场景（如定时灯光、智能窗帘）。
分析减少手动操作的时间成本（如远程控制家电）。
引用数据或调查（如节省每日 30 分钟家务时间）。
问题 2：哪些智能家居设备能显著提升家庭安全性？
回答思路：
列举设备（智能门锁、摄像头、烟雾传感器）。
说明功能（实时警报、远程监控）。

案例对比（传统家居 VS 智能安防的盗窃/事故响应效率）。

问题3：智能家居如何优化能源管理以降低成本？

回答思路：

分析智能温控、照明系统的节能原理（自动调节用电）。

提供数据（如恒温器节省20%电费）。

长期环保效益。

问题4：语音助手如何简化日常任务？

回答思路：

场景化描述（语音控制音乐、购物清单）。

多设备联动（如"早安模式"触发灯光+咖啡机）。

……

DeepSeek 反向提问的优势分析如下。

（1）高效搭建文章框架：直接生成围绕核心主题的10个关键问题，使内容的结构更加完整。

（2）避免思维局限：通过 DeepSeek 提供的问题，可以启发创作者从不同角度思考，规避内容单一化。

（3）增强逻辑层次：文章由"问题—回答"组成，使内容更符合用户的阅读习惯，提高可读性。

需要注意的是，在提示词中，如果答案过于宽泛，如"智能家居很棒"，DeepSeek 可能会生成较为笼统的问题。建议提供稍微详细的答案，如"智能家居能减少50%家务时间，提高生活效率"，这样生成的问题会更有深度。

5.1.3 热点联想：旧话题碰撞新角度

在内容创作中，热门话题往往能吸引更多关注，但热点难追，新闻、科技、文化趋势不断变化，新话题很快变为旧话题，然后被遗忘。要想打破这一局限，需要通过热点联想，将旧话题与当前热点结合。借助 DeepSeek 的 AI 算法，可以从不同维度挖掘新角度，使内容既贴近时事，又能提供独特的价值。

扫码看教学

例如，用户输入一个过去的热门话题，DeepSeek 可以自动匹配当下最相关的热点，并提供全新的创作方向。利用 DeepSeek 进行热点联想的相关案例如下。

提问

请基于旧话题【传统胶片摄影的兴衰】，结合当前 AI 摄影技术的热点，生成5个新颖的写作角度，并提供3个关键论点。

DeepSeek

以下是基于传统胶片摄影兴衰与 AI 摄影技术热点结合的5个新颖写作角度及对应关键论点：

1. 从"不可逆性"到"无限修正"：摄影哲学的技术颠覆

关键论点：
- 胶片摄影的「决定性瞬间」哲学（布列松）与 AI 摄影的「可逆性创作」形成对立，后者允许无限试错与后期重构。
- AI 修图技术（如 Midjourney 局部重绘）消解了传统暗房技术的物理限制，但也引发对「摄影真实性」的质疑。
- 技术迭代是否改变了摄影的本质？需重新定义「拍摄」与「创作」的边界。

2. 胶片复兴运动 VS AI 极简主义：消费文化的两极分化

关键论点：
- 年轻群体中胶片机的「复古溢价」与 AI 摄影的「一键生成」形成消费行为对立，反映对「稀缺性」与「效率」的差异化追求。
- 胶片成本上涨（如柯达涨价 30%）与 AI 工具降价（如 Lensa 低价套餐）加速市场分层。
- 怀旧经济与科技普惠背后的心理学动因：仪式感 VS 即时满足。

3. 摄影教育革命：暗房课程会被 AI 提示词课程取代吗？

关键论点：
- 传统摄影教学中「曝光三角」重要性下降，AI 时代更侧重「语义理解」（如 DALLE 的提示词工程）。
- 胶片工艺（如银盐反应）的「tactile 教育价值」与 AI 的「虚拟实验性」如何平衡？
- 未来摄影师的核心竞争力：技术操控力 OR 概念想象力？

4. 环保争议：胶片的化学污染与 AI 的碳足迹

……

DeepSeek 热点联想的优势分析如下。

（1）精准匹配热点：AI 能自动检索与旧话题相关的最新趋势，确保内容与时代同步。

（2）突破思维局限：通过跨领域联想，拓展写作思路，避免创意枯竭的情况。

（3）高效输出创意：一次性生成多个新角度，节省大量时间，提升写作效率。

5.1.4 情绪板生成：视觉化激发创作灵感

创意写作和营销文案创作常常面临情感表达空洞、氛围塑造薄弱、目标受众共鸣感不足等问题。相比于文字，视觉元素更能迅速触发情绪共鸣。DeepSeek 的情绪板生成功能，通过 AI 自动匹配图片描述、配色方案、关键词，帮助创作者将抽象的情绪概念具体化，让灵感更加具象、可视、可感知。使用 DeepSeek 生成情绪板的相关案例如下。

扫码看教学

提问

请根据以下文案主题，生成一组情绪板，包括 5 张氛围图片描述、3 种核心色彩搭配方案、5 个相关关键词。

主题：温暖的冬日咖啡馆广告

目标情绪：温馨、怀旧、治愈

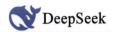

情绪板：温暖的冬日咖啡馆广告

1. 氛围图片（5张）

木质吧台与热饮：一杯冒着热气的拿铁放在复古木质吧台上，旁边散落着几颗咖啡豆和肉桂棒，背景是柔和的暖光。

窗边雪景与毛毯：咖啡馆的大窗户上凝结着薄霜，窗外飘雪，窗边坐着一位裹着针织毛毯的顾客，手捧热可可。

老式唱片机与书籍：角落里的黑胶唱片机播放着爵士乐，旁边堆叠着几本旧书，木质书架透出怀旧感。

烘焙甜点特写：刚出炉的肉桂卷和姜饼人饼干摆放在复古瓷盘上，糖霜微微融化，散发出温暖甜香。

壁炉与沙发区：砖砌壁炉里柴火噼啪燃烧，沙发上随意放着几个针织抱枕，营造出慵懒治愈的氛围。

2. 核心色彩搭配方案（3种）

暖棕复古调

主色：深咖啡色（#6F4E37）

辅色：焦糖橙（#D4A373）

点缀：奶油白（#F8F1E5）

柔焦冬日感

主色：灰粉（#E8C4C4）

辅色：浅驼色（#D2B48C）

点缀：雪雾蓝（#B0C4DE）

怀旧胶片色

主色：深红褐（#8B4513）

辅色：芥末黄（#DAA520）

点缀：暗墨绿（#556B2F）

……

DeepSeek 生成情绪板的优势分析如下。

（1）多维度呈现情绪：生成的不仅仅是文字描述，还包括图片描述、配色方案、关键词，让创意更加直观。

（2）高效匹配品牌调性：DeepSeek 可以根据行业、品牌个性，推荐最合适的视觉情绪风格，确保文案方向与品牌调性一致。

（3）提升团队协作效率：在品牌策划或广告投放前，直接向客户展示情绪板，减少沟通误差，提高提案通过率。

如果希望 DeepSeek 生成更符合需求的情绪板，用户可以通过增加目标受众（例如：适合 18～25 岁年轻人的潮流服饰广告）、指定品牌调性（例如：适合高端珠宝品牌）、控制视觉风格（例如：请生成极简主义风格的情绪板）等方式来优化提示词。

5.1.5 跨学科嫁接：用理科思维写文科文案

许多创意型文案在构思时容易陷入思维惯性，特别是文科背景的创作者，往往习惯用感性、叙述性的方式表达内容，导致文案虽然生动，但缺乏清晰的推导逻辑和数据支撑。要想有所突破，就需要勇于进行跨学科思维嫁接，特别是引入理科思维方式，例如，数学建模、因果分析、系统化推理等。这些方法能让文案更具逻辑性、精准性和创新性。

扫码看教学

DeepSeek 提供了强大的 AI 计算能力，能够结合科学思维模式，生成兼具理性推理与感性表达的高质量文案。让 DeepSeek 用理科思维写文科文案的相关案例如下。

> **提问**
>
> 请用数学建模的方法优化以下广告文案，使其具备更强的逻辑推导能力。
> 原文案：我们的护肤品让你的肌肤水润光滑。
> 优化目标：用数据、因果关系、对比分析增强说服力，同时也要具有吸引力。

DeepSeek

1. 理解原文案和目标

原文案："我们的护肤品让你的肌肤水润光滑"

优化目标：

- 增强逻辑推导能力：通过数据、因果关系、对比分析来支持文案的主张。
- 保持吸引力：在增加逻辑性的同时，确保文案仍然吸引人。

2. 分析原文案的不足

原文案的主要问题：

- 缺乏数据支持：没有具体的数据或研究证明产品的效果。
- 因果关系不明确：没有解释为什么产品能让肌肤水润光滑。
- 缺乏对比：没有与其他产品或未使用产品的情况进行比较。
- 吸引力有限：虽然简洁，但缺乏具体性和说服力。

3. 收集和引入支持性信息

为了增强文案的逻辑性，我们需要以下信息。

- 产品成分及其作用：例如，含有透明质酸（保湿）、甘油（锁水）等。
- 实验或研究数据：例如，经过 X 周使用后，肌肤水分含量增加 Y%。
- 对比数据：与不使用产品或使用普通产品相比的效果差异。
- 用户反馈或临床结果：例如，Z% 的用户表示肌肤更加水润光滑。
- 假设我们收集到以下数据（虚构数据用于示例）：
- 核心成分：透明质酸（保湿能力是自身重量的 1000 倍）、天然甘油。
- 实验数据：28 天使用后，肌肤水分含量平均提升 35%。
- 对比：普通护肤品水分提升平均为 15%。
- 用户反馈：92% 的用户表示肌肤更加水润光滑。

4. 构建逻辑框架

……

DeepSeek 跨学科嫁接的优势分析如下。

（1）建立数据支持，提高可信度：AI 能够自动补充市场调研、实验数据等信息，使文案更加有说服力。

（2）引入科学逻辑，提高推导能力：通过因果分析、概率计算、系统建模等方法，使读者更容易接受文案观点。

（3）增强创新性，避免千篇一律：结合跨学科思维，使文案表达更加新颖，与竞品形成差异化。

如果用户想要优化 AI 提示词，可以通过引导 DeepSeek 使用数据建模、增加因果关系分析以及让 DeepSeek 生成多个版本等方式来深度应用 DeepSeek。

5.2 文案优化：从初稿到完美文案

创意文案的初稿往往充满灵感的火花，但要真正打动受众，还需要经过多轮打磨。DeepSeek 通过 AI 优化能力，可以从标题、情感、逻辑、精炼度等多个角度对初稿进行深度调整，让文案更具吸引力、逻辑性和感染力，从而实现从"能用"到"出彩"的飞跃。本节将为读者介绍 DeepSeek 在文案优化方面的应用。

5.2.1 标题爆破：3 秒抓住读者注意力

在信息爆炸的时代，读者的注意力被严重分散，一篇文章、一个广告，甚至一条社交媒体帖子，最关键的就是标题。DeepSeek 能够根据提供的文案内容或要点智能优化标题，通过情感触发、数字冲击、疑问引导、反差制造等方式，迅速生成多个吸引眼球的标题，并基于不同场景提供最佳选择。使用 DeepSeek 优化标题的相关案例如下。

扫码看教学

提问

请根据以下内容生成 5 个不同风格的标题。
原内容：如何在 30 天内养成早起习惯
优化目标：
1. 让标题更具吸引力，提高点击率。
2. 使用数字、疑问句、对比等策略。
3. 适用于短视频平台、社交媒体推广。

DeepSeek

1. 30 天早起挑战：从熬夜党到晨型人，我是如何做到的？
   （疑问句＋对比，突出转变，适合社交媒体互动）
2. 每天 5:30 起床，30 天后我收获了这些意想不到的好处！
   （数字＋结果导向，激发好奇心，适合短视频平台）
3. 赖床终结者！5 个科学方法让你 30 天轻松养成早起习惯
   （权威感＋解决方案，适合干货类推广）

4. 为什么成功人士都早起？30天亲身实验告诉你答案

（对比＋悬念，利用名人效应吸引点击）

5. 从"再睡5分钟"到自然醒：懒人版30天早起攻略

（痛点＋反差感，针对拖延人群，轻松幽默风格）

DeepSeek 优化标题的优势分析如下。

（1）多样化标题风格：DeepSeek 能一次性提供多种选项，用户可以快速从中选择最优方案。

（2）精准匹配场景：不同平台（如短视频、社交媒体、新闻文章）适用不同的标题风格，DeepSeek 可以智能适配。

（3）数据驱动优化：可以基于历史高点击率数据推荐类似风格的标题，提升打开率。

在设计 AI 提示词时，用户可以在提示词中加入平台名称，例如"请根据'抖音爆款短视频'的风格优化标题"，使 DeepSeek 的生成内容精准匹配平台；还可以明确不同受众，使内容更符合目标读者的兴趣。

5.2.2 情感曲线：引导用户从共鸣到行动

许多文案在表达信息时，往往逻辑清晰、事实充分，但依然无法打动读者，导致转化率低。其核心问题在于缺乏情感共鸣、未能激发行动以及情绪流畅度不足等。DeepSeek 可以通过情感曲线分析和优化文案，帮助内容创作者精准调控用户情绪，从共鸣到信任，再到行动，形成自然的转化路径。使用 DeepSeek 优化文案情感曲线的相关案例如下。

扫码看教学

提问

请优化以下文案，使其符合情感曲线。

原文：想学英语但总是坚持不下去？试试这款AI英语学习机，让你每天学一点，轻松提升听说能力。

优化目标：

1. 增强情感共鸣，制造更强的代入感。

2. 调整情绪节奏，增加吸引力和代入感。

3. 强化行动号召，提高转化率。

DeepSeek

优化后的文案：

【第一幕：痛点共鸣】

又一次打开单词 App，划了几下就刷起了短视频？

深夜想起立下的 flag，那种愧疚感是不是特别熟悉？

【第二幕：情感转折】

（缩短空行）

你知道吗？90% 的人学英语失败

> 不是因为不够努力
>
> 而是缺少一个「懂你节奏」的学习伙伴
>
> 【第三幕：解决方案】
>
> 这款 AI 英语学习机正在改变 85000+ 人的学习方式：
>
> √ 每天 15 分钟「碎片化征服」设计
>
> √ 像朋友聊天一样的 AI 情景对话
>
> √ 实时发音纠正，看得见的进步曲线
>
> 【第四幕：行动刺激】
>
> （空一行）
>
> 现在体验还能解锁「21 天习惯养成」特训
>
> （限时赠送价值 199 元的地道表达手册）
>
> （小字标注）那些偷偷变厉害的人
>
> 早就把刷手机的时间换成了这个
>
> 情感曲线解析：
>
> 先制造"愧疚—共鸣"的轻微负面情绪（痛点切入）
>
> 用"懂你节奏"转为被理解的温暖感（情感链接）
>
> 通过数据背书和具体功能建立希望感（理性说服）
>
> 最后用限时福利制造紧迫感（行动催化）
>
> 对比原文提升：
>
> ……

DeepSeek 优化文案情感曲线的优势分析如下。

（1）精准匹配情感节点：DeepSeek 能识别文案的情绪变化点，智能调整表达方式，使情感过渡更自然。

（2）个性化优化：可以针对不同受众（学生、职场人士、宝妈等）定制不同的情感曲线，提升共鸣度。

（3）强化行动驱动：AI 可以分析用户心理，提供更具诱导性的 CTA（Call to Action，行动号召）优化方案。

如果用户想要优化 AI 提示词，可以通过精确控制情绪节点（例如：从"共鸣—期待—解决方案—行动"的顺序优化内容）、定制不同受众、强化行动引导（例如，在提示词中加入：引导用户立即点击购买 / 报名 / 转发）等方式来深度应用 DeepSeek。

5.2.3 逻辑强化：让复杂观点通俗易懂

在日常文案创作中，尤其是面向复杂产品或专业领域的文案，创作者往往会陷入一个误区：内容专业、信息量大，但阅读起来却让人头疼。DeepSeek 能通过精准的逻辑结构优化和语言简化，帮助创作者将复杂的观点层次化、通俗化，从而提升文案的吸引力和易读性。使用 DeepSeek 强化文案逻辑的相关案例如下。

扫码看教学

> **提问**
>
> 请优化以下文案，使其更加通俗易懂，并确保结构清晰。
> 原文：通过对市场数据的多维度分析，我们能够对消费者需求进行全方位的预测，并通过大数据模型对未来趋势做出准确的预判，从而为企业提供精准的市场定位和产品策略。
> 优化目标：
> 1. 简化句式，让内容更加易于理解。
> 2. 提供简洁的结构框架，明确核心观点。
> 3. 使用比喻或类比帮助理解复杂概念。

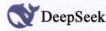

> 优化后的文案：
> 市场分析就像导航仪
> 1. 看清现状：我们从多个角度分析市场数据，准确了解消费者需求。
> 2. 预测未来：用大数据模型推算趋势，就像天气预报一样提前做准备。
> 3. 指导行动：帮企业找到最佳市场位置，制订合适的产品计划。
> （结构说明：比喻导入→分三步递进说明→落脚到实际价值）
> 优化点：
> 1. 用"导航仪/天气预报"类比，降低理解门槛
> 2. 采用"1—2—3"分步结构，逻辑更清晰
> 3. 将"预判""全方位"等专业词汇替换为日常用语
> 4. 每部分保持15字以内的短句，阅读更轻松

DeepSeek强化文案逻辑的优势分析如下。

（1）提升信息传递效率：通过简化结构和语句，使文案更清晰易懂，读者能够在短时间内抓住文章的核心。

（2）定制化解释：DeepSeek能根据目标读者群体（如普通消费者、行业专家等）定制术语的解释，避免产生理解障碍。

（3）提升用户体验：清晰的结构与简洁的表达不仅提升了内容的可读性，还增强了读者的阅读体验，避免了因复杂内容导致的阅读疲劳。

如果用户想要优化AI提示词，可以通过引导简化句子结构、明确核心信息以及使用通俗语言等方式来深度应用DeepSeek。

5.2.4 精简表达：废话识别＋智能删减

在文案创作中，有一大挑战便是内容冗长，尤其是在信息量较大的情况下，创作者往往会过度表达，导致文案陷入"废话"或"无关信息"的泥淖，这种情况在多个领域中尤为明显，例如广告文案、产品说明、企业介绍等。DeepSeek通过废话识别和智

扫码看教学

能删减，可以帮助创作者快速清理掉冗余内容，使文案精炼、简洁，同时不失有效信息。使用 DeepSeek 精简表达的相关案例如下。

提问

请优化以下文案，删除冗余内容并精简表达，使其更加简洁有力。请保留文案中的核心信息，并确保最终文案易于理解。

原文：啊，每一个清晨，真的是个美好的时刻呢，它就像是大自然的一次深呼吸，充满了无限的可能和希望。你知道吗，这样的清晨，真的值得被温柔以待，不是吗？就像我们对待生活中的每一个小确幸一样。那么，在这个被温柔以待的清晨，用我们的有机早餐麦片，来唤醒全家人的味蕾与健康吧！

优化目标：
1. 删除冗余和重复描述
2. 精简语句并保留核心信息
3. 增强简洁性和可读性

DeepSeek

优化后：
清晨充满希望，如同大自然的深呼吸。用有机早餐麦片，唤醒全家人的健康与味蕾。

优化点说明：
1. 删除冗余表达（如"啊""你知道吗""不是吗"等），保留核心意象（清晨、希望、大自然）。
2. 合并重复描述（"温柔以待""小确幸"简化为"充满希望"）。
3. 直接点明产品与用户利益（有机麦片→健康与味蕾），增强行动号召力。

DeepSeek 精简表达的优势分析如下。

（1）高效精简：AI 可以自动识别文案中的"废话"，例如"啊""你知道吗""不是吗"等，减少创作者手动修订的时间和精力。

（2）提高信息传达效率：通过精简句子结构，去除无关信息，使文案更加简洁、有力。

（3）优化用户体验：简洁的文案增强了用户的阅读体验，使得信息更加容易消化和理解，提升了文案的传播效果。

5.2.5 多版本测试：AI 驱动最优方案筛选

在文案创作过程中，选出最具吸引力和有效性的版本是一个关键问题。很多时候，创作者往往依赖个人经验或直觉来选择最合适的文案，但这种方式难以保证最优结果。

DeepSeek 的 AI 驱动多版本测试，能够通过算法生成多个文案版本，并基于数据分析选出最优版本。通过全面的数据反馈和深度分析，AI 可以帮助创作者快速筛选出最具效果的文案，提高整体创作效率。使用 DeepSeek 的 AI 驱动多版本测试的相关案例如下。

扫码看教学

提问

请根据以下要求，生成多个版本的文案，并在版本中尝试不同的表达方式、风格和情感基调。
1. 标题：要吸引年轻受众
2. 内容：突出产品的创新性和便捷性
3. 风格：尝试创意和幽默的写法

生成至少5个不同版本，并基于以下标准对每个版本进行评分。
- 互动率：点击量和点赞数
- 转化率：用户点击后实际购买的比例
- 留存率：用户在页面上停留的时长

DeepSeek

以下是5个不同版本的文案，每个版本都尝试了不同的表达方式、风格和情感基调，并附上互动率、转化率和留存率的预估评分（1～10分，10为最高）。

版本1：科技感＋幽默反转

标题：

「你的懒，终于有救了！」——这玩意比男朋友还靠谱

内容：

还在为"麻烦"而放弃生活品质？试试XX神器，一键搞定所有"我不想动"时刻！

✓ 创新黑科技：别人用10分钟，你只用10秒

✓ 便捷度MAX（最大化）：连说明书都不用看（真的没有）

✓ 副作用：可能会被朋友抢走

评分：

互动率：8（标题反差感强，容易引发好奇）

转化率：7（幽默削弱了推销感，但可能不够直接）

留存率：7（短平快，但信息密度较低）

版本2：夸张对比＋网络梗

标题：

「当代青年的续命神器」——我妈以为我偷偷进化了

内容：

从前：手忙脚乱像在拆炸弹

现在：XX产品让你优雅如AI——创新点？

✓ 比奶茶下单还简单的操作

✓ 比短视频更上头的效率

（别问了，链接在左下角）

评分：

互动率：9（网络梗＋年轻化表达易传播）

……

DeepSeek AI 驱动多版本测试的优势分析如下。

（1）多版本自动生成：AI 可以迅速生成多个版本，避免创作者在文案创作中停留太久，减少人工创作的重复劳动。

（2）数据驱动的决策：通过 AI 分析每个文案的表现，确保文案选择是基于真实的用户反馈，而非依赖直觉或个人偏好。

（3）精准的受众洞察：AI 能够深入分析用户行为，捕捉用户的需求和偏好，帮助创作者在文案中更精准地引发用户共鸣。

（4）持续优化能力：AI 的持续学习使得每一轮的文案优化都能够吸取上一次测试的结果，逐步提升文案的整体效果。

5.3 质量提升：打造专业可靠文案

创作优质文案不仅仅是艺术的表达，它更是对专业性、可靠性和精准性的追求。文案中的语法错误、拼写错误、格式不一致等问题会直接影响文案的专业形象，甚至损害品牌的信誉。DeepSeek 通过 AI 赋能文案创作，可以帮助创作者从细节入手，提升文案在语法、逻辑、情感表达等方面的专业性和可靠性。通过自动化的检查和深度分析，DeepSeek 能够确保文案在多个维度上都符合专业标准，提升内容的整体质量。本节主要为读者介绍使用 DeepSeek 检查、修改文案的相关技巧，帮助创作者提升文案质量。

5.3.1 语法检查：提升文档的专业性

在文案创作过程中，语法错误和拼写错误是常见问题，这些错误可能会让受众对文案内容产生误解，降低文案的质量，削弱文案的专业性和可读性。用户可以让 DeepSeek 对提供的文案内容进行检查，找出存在的语法和拼写错误，并提供修改建议，杜绝差错。使用 DeepSeek 进行语法检查的相关案例如下。

扫码看教学

提问

请帮我检查以下文案内容的语法和拼写，列出存在的错误，并提供修改建议。
文案：如果我要写一篇短视频脚本、只是我需要先搜集素材。

DeepSeek

好的，我来帮你检查这段文案的语法和拼写问题，并提供修改建议。
原文案：
"如果我要写一篇短视频脚本、只是我需要先搜集素材。"

存在的问题：
1. 标点符号错误：中文中通常使用全角标点符号，而这里使用了顿号（、）连接两个分句，这是不恰当的。两个完整的分句之间应该使用逗号（，）或分号（；）。
2. 表达不够流畅："只是我需要先搜集素材"这个表达虽然语法上没有大问题，但显得不够自然流畅。

修改建议：
1. 标点符号修正版：
"如果我要写一篇短视频脚本，只是我需要先搜集素材。"
2. 更流畅的表达建议：
"如果我要写一篇短视频脚本，我需要先搜集素材。"
或者
"我想写一篇短视频脚本，但需要先搜集素材。"
或者更简洁的：
"要写短视频脚本，得先搜集素材。"
推荐使用最简洁的版本，因为短视频相关文案通常需要简洁有力。

DeepSeek 语法检查的优势分析如下。

（1）全面检测：DeepSeek 通过强大的语法分析技术，能够全面检查文案中的拼写、语法、标点和句式等方面，确保文案的专业性。

（2）精准建议：AI 提供准确的修正建议，帮助创作者优化文案，提升语言的流畅性与规范性。

（3）语气一致性：通过分析文案中的语气，DeepSeek 确保文案语气的一致性，从而增加文案的专业性和整体性。

（4）定制化调整：根据文案的场景和目标受众，AI 能够灵活调整文案的语言风格，使其更符合需求。

5.3.2 检查案例：确保内容真实可靠

在文案创作中，确保内容的真实性和可靠性至关重要，尤其是在商业、技术、法律等专业领域的文案中，创作者常通过添加案例来增加文案的可信度和专业性。此时，可以借助 DeepSeek 庞大的信息资源库对案例的真实性进行检查。使用 DeepSeek 检查案例的相关案例如下。

扫码看教学

提问

请帮我核实以下内容中案例的准确性，并指出不准确之处。
文案：比如，牛顿一生被公认为经典力学的奠基人，他的万有引力定律深刻改变了人类对自然规律的理解。然而，少有人知的是，在他的晚年，他竟然沉迷于"点石成金"的炼金术研究。

牛顿在17世纪末期，突然对炼金术产生了浓厚的兴趣。他坚信，通过某种尚未被发现的化学反应，可以将普通金属转化为黄金。这一想法在当时的学术界引起了轩然大波，因为炼金术的概念违背了现代化学的基本原理。

据说，牛顿投入了大量的时间和精力，试图通过复杂的化学实验来实现这一目标。他在剑桥大学的实验室里搭建了许多复杂的实验装置，试图通过各种试剂和高温炉来验证他的理论。然而，无论他如何努力，他的实验始终未能成功。

您的文案总体上对牛顿与炼金术的关系描述是准确的，但存在一些细节上的不严谨或需要补充说明之处。以下是具体核实和修正建议。

准确性核实与修正建议

牛顿与炼金术的关系

准确部分：牛顿确实长期研究炼金术（约30年），并留下了超过100万字的炼金术手稿。他对"嬗变"（物质转化，如铅变金）的兴趣是事实，且与万有引力研究同期进行（而非仅在晚年）。

需修正部分：

时间问题：牛顿对炼金术的兴趣并非"17世纪末突然产生"，而是从1660年持续到去世（1727年）。他的炼金术研究高峰在1670—1690年，与经典力学研究重叠。

"晚年沉迷"的误导：炼金术是牛顿中年时期的主要兴趣之一，晚年他更多转向神学和年代学研究。

学术界的反应

需补充说明：

炼金术在17世纪并非完全被排斥，许多科学家（如波义耳）也研究它。牛顿的炼金术研究是私下进行的（因当时英国法律禁止"金属嬗变"实验），故未直接引起"轩然大波"。

炼金术与现代化学的界限在当时是模糊的。牛顿试图通过炼金术探索"自然哲学"（即科学）的深层规律，而非单纯追求点石成金。

实验细节的准确性

存疑部分：

牛顿的炼金术实验主要在私人实验室（如剑桥的住所）进行，而非"剑桥大学的实验室"（当时大学无正式化学实验室）。

他的实验记录显示，他更关注理论推导和文献研究，而非大规模装置实验。高温炉等描述可能夸大其实际操作。

"违背现代化学原理"的表述

需修正：现代化学在牛顿时代尚未形成。他的炼金术理论基于亚里士多德的"四元素说"和当时流行的"微粒哲学"，属于前科学范式，而非"违背"后世理论。

……

使用DeepSeek检查文案案例内容时，可以在提示词中加入以下内容，确保其内容的真实性和可靠性。

（1）核实文案中的数据，确保其来源可靠并与行业报告相符。

（2）检查文案中的事实陈述，确保其符合现实情况，避免错误信息。

（3）核实文案中引用的内容来源，确保引用的研究报告、新闻或文章来自可靠渠道并符合行业标准。

（4）识别潜在的虚假信息，并提出修改建议。

（5）检查文案中前后内容的一致性，确保逻辑连贯且没有矛盾。

（6）对敏感领域文案进行合规和伦理检查，确保没有违反相关法律法规。

DeepSeek检查文案案例的优势分析如下。

（1）全面事实验证：DeepSeek能够高效验证文案中的事实和数据，确保内容的准确性。

（2）精准识别虚假信息：通过AI的智能分析，DeepSeek能够识别出潜在的虚假信息，避免误导性内容出现。

（3）来源可靠性验证：确保文案引用的数据或信息来源可靠，提升文案的权威性和可信度。

（4）合规性保障：特别适用于涉及法律、医疗、金融等敏感领域的文案，DeepSeek可以帮助创作者确保文案符合法律法规和行业合规要求。

5.3.3 删减重复：避免文案内容单调

重复的内容会让文案显得单调、乏味，降低其对受众的吸引力和包含的信息量，从而影响文案的传播。而运用DeepSeek，用户可以检查出文案中重复的字词、句子和段落，从而对文案进行修改和删减。使用DeepSeek删减重复内容的相关案例如下。

扫码看教学

提问

请帮我检查以下文案中是否存在重复的内容，如果有，请指出来，并删减重复内容或提供修改建议。

文案：秋意渐浓，落叶铺满小径，金黄闪烁，似童话中的画卷。落叶随风飘落，谱写着秋日的乐章，每一片落叶都是秋日的诗行。温暖的色调，细腻的纹理，展现出独特的韵味，恰似秋日的暖阳，柔和而多姿，又似童话中的画卷，金黄闪烁，宁静而美好。漫步在落叶小径上，仿佛置身于金色的童话世界，与秋日同行，感受那份独特的宁静与美好。

 DeepSeek

好的，以下是文案中重复的内容及修改建议。

重复内容：

1. "似童话中的画卷"和"又似童话中的画卷"重复出现。
2. "金黄闪烁"出现了两次。
3. "宁静与美好"和"宁静而美好"意思相近，略显重复。
4. "落叶"一词出现频率较高，可以适当精简。

修改建议：

可以合并或删减重复的表达，同时保持文案的流畅性和意境。以下是优化后的版本。

修改后的文案：

秋意渐浓，落叶铺满小径，金黄闪烁，谱写着秋日的乐章。每一片落叶都是秋日的诗行，温暖的色调与细腻的纹理，展现出独特的韵味，恰似秋日的暖阳，柔和而多姿。漫步其间，仿佛置身于金色的童话世界，与秋日同行，感受那份独特的宁静与美好。

优化说明：

1. 删除了重复的"似童话中的画卷"，保留一处即可体现意境。
2. 合并了关于"金黄闪烁"的描述，避免重复。
3. 调整了"落叶"的出现频率，使语言更简洁。
4. 保留了核心意象（如童话世界、秋日暖阳），同时使文案更紧凑。

如果需要进一步调整，可以告诉我你的具体需求！

DeepSeek 检查文案重复内容的优势分析如下。

（1）精准检测冗余内容：DeepSeek 能够快速识别冗长、重复或表达不紧凑的句子，提高文案质量。

（2）智能优化句式：不仅能删减冗余内容，还能优化句子结构，使表达更加自然流畅。

（3）保持原意：在优化过程中，DeepSeek 不会改变核心信息，确保内容仍然准确完整。

（4）增强可读性：优化后的文案节奏更佳，避免拖沓，提高用户的阅读体验和吸引力。

5.3.4 情感表达：增强读者共鸣

在文案的情感表达上，常常会出现两个问题，一个是不准确，另一个是不到位。错误的情感表达容易引发误解，影响文案主题的表达，甚至可能导致争议。而不到位的情感表达则容易使文案缺乏感染力，很难引起受众的情感共鸣，从而难以实现文案的目的。使用 DeepSeek 增强文案情感表达的相关案例如下。

扫码看教学

提问

请帮我检查以下科技产品广告文案中的情感表达是否准确、到位，如果有误，请先指出存在的问题，再提供相应的修改意见。

文案：新款智能手表，精准监测，时尚外观。全天候健康守护，时尚设计彰显个性，满足您日常需求。轻巧佩戴，适配多种场景，随时随地为您的健康保驾护航。选择它，享受贴心健康体验，让生活更加智能便捷。

DeepSeek

你的广告文案在功能描述和实用性方面做得不错，但在情感表达上还有提升空间。以下是具体分析和修改建议。

存在的问题：
1. 情感词汇较为单一，主要依赖"时尚""智能便捷"等常见科技产品形容词，缺乏更深层次的情感共鸣点。
2. 对用户潜在的情感需求挖掘不够深入（如安全感、归属感、成就感等）。
3. 句式偏陈述性，缺乏唤起情感的动作引导。

修改建议：
"你的 24 小时健康知己丨 XX 智能手表

不再错过身体的每一次'心跳信号'。这款懂你的智能伴侣，用医疗级精准监测守护重要时刻，让关心从不迟到。轻盈贴腕的设计，既是穿搭点睛笔，更是你活力生活的见证者。

无论是晨跑时的汗水挥洒，还是会议间的压力波动；无论是深睡时的安稳呼吸，还是旅行中的新奇心跳——它都默默记下你生命的精彩律动。

选择 XX，不仅是选择一件科技产品，更是选择一种爱自己的生活方式。当健康变得可见，幸福自然触手可及。"

修改要点说明：
1. 加入了拟人化表达（"健康知己""懂你的伴侣"），增强情感联结。
2. 通过场景化描写唤起用户记忆点（"晨跑""会议""旅行"等）。
3. 强调"爱自己"的情感价值，超越单纯的产品功能描述。
4. 使用"心跳""呼吸"等具象化健康指标，引发情感共鸣。
结尾升华到生活方式层面，满足用户对理想自我的心理投射。
……

DeepSeek 增强文案情感表达的优势分析如下。

（1）智能调整情感表达：DeepSeek 能够精准分析文本的情感倾向，并提供优化方案，使表达更具温度和感染力。

（2）增强用户共鸣：通过情感共鸣点和场景化表达，文案更容易打动读者。

（3）提升品牌亲和力：通过调整语气，使品牌形象更加人性化，增强用户信任感。

（4）适用于多种场景：无论是产品介绍、品牌宣传，还是社交媒体文案，都能让表达更具情感渲染力。

5.3.5 调整观点：明确文案立场

当用户想通过文案来传达自己的观点时，要注意观点的正确性和客观性。所谓正确性，指的是观点是否符合客观事实和法律法规。例如，"赤道地区比南极地区冷"就是一个错误观点。而客观性则指的是观点是否存在主观武断或片面极端的情况。例如，用户由于自己看手机影响了学习，就认为"看手机只有坏处没有好处"，这个观点就是主观且片面的。当用户意识到文案观点不正确或过于主观时，可以借助 DeepSeek 对观点进行调整和补充。使用 DeepSeek 调整文案观点的相关案例如下。

扫码看教学

提问

请优化以下文案，使观点更加明确、立场清晰。
1. 提炼核心观点，避免模糊表达，使信息更具针对性。
2. 增强语气力度，减少不确定性词汇，让文案更有说服力。
3. 确保上下文逻辑一致，避免观点矛盾。
4. 添加数据或案例支持，提高文案的可信度和权威性。

待优化文案：

近年来，远程办公模式受到越来越多企业的关注，许多公司开始尝试这种方式，认为它可能会提高员工的工作效率。不过，也有一些人担心远程办公会影响团队协作，因此，这种模式未来的发展仍然存在一定的不确定性。

优化后的文案：

远程办公已成为未来工作模式的主流趋势，它能显著提升员工效率，同时需针对性解决协作问题。

数据显示，20XX年全球83%的企业采用远程或混合办公模式（Gartner），其中67%的员工表示远程办公提高了工作效率（Buffer）。远程办公的优势明显：减少通勤时间、提升工作灵活性，并降低企业运营成本。

尽管部分管理者担忧团队协作效率，但实践表明，通过数字化工具（如Slack、Zoom）和科学的项目管理方法（如敏捷协作），远程团队的协作效率可媲美甚至超越传统办公模式。例如，GitLab作为一家全员远程的公司，凭借高效异步协作，连续多年实现高速增长。

因此，远程办公并非"不确定"的选择，而是企业必须拥抱的趋势。关键在于优化管理策略，而非质疑模式本身。未来，成功的企业将是那些能高效整合远程协作优势的先行者。

（注：可根据实际需求调整数据来源和案例）

优化点说明：

1. 核心观点明确：直接肯定远程办公的价值，指出需解决协作问题，而非模糊讨论"可能性"。
2. 数据与案例支撑：引用权威机构数据和企业实例，增强说服力。
3. 语气坚定：使用"必须""关键在于"等词汇，减少"可能""不确定性"等弱化表达。
4. 逻辑一致：先肯定优势，再提出解决方案，避免前后矛盾。

在提示词中，直接向DeepSeek分步说明优化方向，可以确保AI调整语气、立场、逻辑和可信度。同时，提出"避免模糊表达"的优化请求，可以提高AI生产内容的精准度。

DeepSeek调整文案观点的优势分析如下。

（1）强化观点表达：AI自动识别内容主旨，确保信息直截了当，不拐弯抹角。

（2）增强说服力：优化语气，使表达更加坚定，有效提升用户信任感。

（3）逻辑严谨：检查上下文逻辑，避免观点前后矛盾，确保内容表达清晰且有说服力。

（4）提高专业性：补充数据、案例和权威来源，使文案更具公信力。

5.3.6 切换视角：多角度表达更全面

在文案创作中，单一视角往往会限制内容的深度和影响力。而通过多角度表达，可以使文案更加立体、全面，满足不同背景和需求的读者。DeepSeek 提供强大的文本重构和多视角转换功能，可以帮助用户从不同角度重新审视内容，让文案更具包容性和说服力。使用 DeepSeek 切换视角的相关案例如下。

扫码看教学

提问

请根据以下内容，分别从产品经理、用户和投资人的角度进行改写。
内容："智能家居市场正在快速增长，预计未来五年将迎来爆发式增长。"
要求：
1. 产品经理视角：强调产品创新和市场需求。
2. 用户视角：关注用户体验和生活便利性。
3. 投资人视角：突出市场规模和增长潜力。

DeepSeek

好的，以下是针对不同视角的改写。

1. 产品经理视角

"智能家居市场正处于高速发展阶段，未来五年将迎来爆发式增长。这为产品创新提供了巨大的机遇，我们需要深入挖掘用户需求，打造差异化的智能家居解决方案，抢占市场先机。例如，通过 AI 技术提升设备间的互联互通，或开发更人性化的交互方式，以满足用户对便捷、智能生活的期待。"

2. 用户视角

"智能家居正在改变我们的生活方式，未来五年会有更多便捷、贴心的产品出现。想象一下，回到家灯光自动亮起，空调调到舒适温度，甚至冰箱能提醒你补充食材……这些智能化的体验将让生活更轻松、更高效。"

3. 投资人视角

"智能家居市场潜力巨大，未来五年将保持高速增长，市场规模预计突破千亿级别。该领域技术成熟度提升，消费者接受度不断提高，投资回报率可观。建议重点关注具有核心技术、成熟生态或差异化产品的企业，以把握这一波增长红利。"

每个版本都针对不同角色的关注点进行了调整。
- 产品经理：强调创新机会和产品策略。
- 用户：聚焦生活场景和实际便利。
- 投资人：突出数据、规模和投资方向。

在设计 AI 提示词时，可以通过以下方式让 DeepSeek 切换视角。

（1）角色转换法：让 AI 以不同身份（如专家、用户、对手等）重新表达同一内容。

（2）立场对比法：AI 可以生成支持和反对两种观点，帮助用户呈现更全面的讨论。

（3）行业视角法：根据不同行业（如技术、市场、用户体验等）提供专门的表达方式。

（4）情境重塑法：根据不同使用场景（如 B2B、B2C、个人）改写文案，适应不同受众。

DeepSeek 切换视角的优势分析如下。

（1）结构清晰：明确不同视角的表达方式，让 AI 生成内容更具针对性。

（2）逻辑清楚：通过支持与反对、专家与用户等对比式写作，使内容更有深度。

（3）增强互动性：不同视角有助于引发受众讨论，提高内容传播度。

（4）适用范围广：适用于营销文案、行业分析、社交媒体传播等多种场景。

5.3.7 精简文案：突出关键信息

在信息爆炸的时代，读者的注意力极其有限。如果文案冗长、含混不清，受众可能在几秒内就失去兴趣。精简文案的核心目标是用最少的字，传达最有力的信息，让读者能迅速抓住重点。DeepSeek 提供的文本优化工具，可以智能识别冗余表达、删减重复内容，并帮助用户提炼关键信息，使文案更具冲击力和可读性。使用 DeepSeek 精简文案的相关案例如下。

扫码看教学

提问

请将以下产品介绍改写成一句精炼的广告语。

原文：这款智能手表采用了当今最先进的生物传感技术，能够全面而精准地监测用户的心率、血氧饱和度以及睡眠质量。通过内置的 AI 智能系统，它还能进行个性化的健康数据分析，为用户提供科学的健康评估和改善建议。这一创新设计极大地帮助用户更好地了解并管理自己的健康状况，成为现代人追求健康生活的得力助手。

要求：

1. 保持核心卖点不变。

2. 限制字数在 30 字以内。

3. 语句要有吸引力，易于传播。

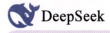

DeepSeek

"AI 健康管家，精准监测心率血氧睡眠，科学评估助你掌控健康！"（28 字）

DeepSeek 精简文案的优势分析如下。

（1）针对性强：明确要求 AI 聚焦关键信息，避免生成冗长文案。

（2）结构清晰：采用"原文－优化方向－优化目标"三段式拆解，让 AI 逻辑更清晰。

（3）增强传播力：精炼后的文案更具冲击力，更容易被记住和分享。

（4）适用多种场景：广泛应用于广告、社交媒体、邮件标题、新闻稿等短文本优化场景。

5.3.8 更换案例：提高文案可信度

在文案创作中，案例是增强说服力的关键因素。一个精准、有力的案例可以让内容更加可信，让读者更容易代入情境，并增强对信息的认同感。然而，错误、不贴切或缺乏数据支持的案例，不仅无法增强文案的说服力，反而可能削弱其可信度。DeepSeek 能够帮助用户筛选、替换并优化案例，使其更贴合受众需求，提高文案的说服力和公信力。使用 DeepSeek 更换案例的相关案例如下。

提问

请检查以下产品推广文案，并替换案例，使其更具说服力。
原文：我们的 AI 翻译工具非常精准，很多用户都表示它比传统翻译软件更优秀。例如，小王在使用后发现它能准确翻译复杂句子，大大提高了工作效率。
要求：
1. 更换"很多用户"的模糊描述，使用具体案例，案例要与主题相匹配，并且真实可信。
2. 替换"小王"的泛化用户，改为更权威或有影响力的用户。
3. 增加数据支持，使案例更可信。

DeepSeek

优化后的文案：
我们的 AI 翻译工具在专业场景下的翻译准确率高达 98.5%，远超传统翻译软件（行业平均准确率约 85%）。例如，知名跨国企业 HE 集团在全球化协作中采用我们的 AI 翻译工具后，技术文档的翻译错误率降低 90%，团队沟通效率提升 40%。其全球技术总监张 X 评价："这款工具在复杂术语和专业语境下的表现令人惊艳，大幅减少了我们的本地化成本。"

优化点说明：
替换模糊描述：用"98.5% 准确率"和"HE 集团"替代"很多用户"，数据+权威案例增强可信度。
用户权威性：以知名跨国企业（HE 集团）和其技术总监的背书，取代泛化的"小王"。
数据支持：加入"错误率降低 90%""效率提升 40%"等量化结果，直观体现价值。
（注：案例中的企业和人名可替换为其他真实合作方，数据需根据实际测试调整。）
在设计 AI 提示词时，用户可以明确要求 DeepSeek 替换泛化案例，改为具体、有公信力的案例；明确强调"增加数据支持"，让 AI 自动查找并添加数据。

DeepSeek 更换案例的优势分析如下。

（1）推荐更具说服力的案例：基于目标受众、行业趋势和热点事件，自动推荐更贴合需求的案例。

（2）优化案例叙述方式：调整案例结构，突出关键信息，使其更具冲击力和易于理解，增强读者的信任感。

（3）增加数据支撑：结合行业报告和市场数据，补充案例的量化指标，提升公信力。

（4）适用多种场景：无论是产品推广、品牌宣传还是市场研究报告，都能使用这一优化思路。

5.3.9 修改标题：吸引更多眼球

标题是影响文案点击率和阅读率的关键因素。DeepSeek 可以通过 AI 分析热点趋势、优化表达方式、测试不同版本，帮助用户快速将原标题修改为更具吸引力的标题，提高文案的传播效果。使用 DeepSeek 修改标题的相关案例如下。

扫码看教学

提问

请修改文章标题《如何提升工作效率？5 个实用方法》，使其更具吸引力。
修改要求：
1. 加入数据或强烈对比，使标题更具体。
2. 增加悬念，让用户产生好奇心。
3. 适应自媒体风格，使其更具传播性。
4. 请提供 3 个不同风格的标题版本。

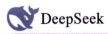

以下是修改后的 3 个不同风格的标题，结合了数据对比、悬念设计和自媒体传播性。

1. 数据对比型
"工作效率低？这 5 个方法让你的产出翻倍！90% 的人不知道第 3 点！"

2. 悬念提问型
"为什么同事每天准点下班，还能比你多干 2 倍的活？答案藏在这 5 个方法里！"

3. 挑战认知型
"别让'瞎忙'毁了你！5 个反直觉的高效工作法，第 4 个多数人做反了！"

修改解析：

数据/对比：使用"翻倍""2 倍"、90% 等具体数据增强说服力。

悬念设计：通过"藏在这 5 个方法里""多数人做反了"等引发好奇心。

自媒体风格：口语化、情绪化表达（如"别让'瞎忙'毁了你"），适配社交传播。

可根据受众偏好选择：职场新人适合标题 1，时间管理困惑者适合标题 2，追求高效进阶者适合标题 3。

在设计 AI 提示词时，用户可以明确修改方向，如"增强吸引力""加入痛点""突出数据"，让 DeepSeek 生成的标题更符合需求。

DeepSeek 修改标题的优势分析如下。

（1）智能分析：识别标题的优劣，分析其吸引力、关键词优化程度、可读性等因素。

（2）多版本输出：基于原标题中的核心信息，提供不同风格的标题，如悬念式、数据式、提问式等。

（3）趋势匹配：结合当前热点或行业趋势，优化标题措辞，使其更具时效性和吸引力。

（4）适用多种场景：广泛应用于社交媒体、新闻文章、电商广告、视频标题等不同领域的标题优化。

5.4 本章小结

本章主要围绕 DeepSeek 文案创作进行了深入介绍。首先为读者介绍了 DeepSeek 在文案创意激发方面的应用，包括关键词头脑风暴、反向提问、热点联想、情绪板生成等；然后介绍了 DeepSeek 在文案优化方面的应用，包括优化标题、优化情感曲线、优化文案逻辑等；最后介绍了 DeepSeek 在质量提升方面的应用，包括语法检查、案例检查、删减重复内容、增强情感表达等。

通过学习本章的技巧和方法，读者可以利用 DeepSeek 的 AI 技术赋能文案创作，快速生成高质量且具有创意的文案。

5.5 课后实训

鉴于本章内容的重要性，为了帮助读者更好地掌握所学技能，本节将通过课后实训，帮助读者进行简单的知识回顾和补充。

实训任务：让 DeepSeek 用总分、分总或总分总中的其中一种结构方式，重新调整文案内容，相关提示词和回复如下。

扫码看教学

提问

请将以下文案调整为总分的结构方式。
文案：夏日防晒新潮流，清爽与防护并驾齐驱！我们推出的防晒服饰，选用了革新性的高科技面料，它轻盈如羽，透气性能卓越，即使在炎炎夏日也能让您感受到丝丝凉意与速干的舒适。而它卓越的抗紫外线功能，更是如同一道坚实的盾牌，为您的肌肤提供全方位的呵护，让您无惧阳光挑战。当然，任何产品都难以尽善尽美，我们的防晒衣在极端条件下或许会有轻微褪色，但这丝毫不减其出色的防护能力。选择我们，就是选择了高品质与安心的夏日生活，让您在阳光下更加自信耀眼！

总分结构改写版：

夏日防晒新潮流：清爽防护，尽享自信

总述

我们的高科技防晒服饰，以革新性设计完美平衡清爽体感与强力防护，助您无惧阳光，畅享夏日。

分述

1. 卓越舒适性

采用轻盈如羽的高科技面料，透气性极佳，炎夏仍能保持清凉干爽。

速干设计加持，汗水瞬间蒸发，告别黏腻不适。

2. 专业级防护

UPF（紫外线防护系数）抗紫外线面料构筑"阳光盾牌"，全方位阻隔有害紫外线。即使长时间户外活动，肌肤仍能得到持久保护。

3. 透明化说明

极端环境下可能出现轻微褪色（如频繁暴晒或强洗涤），但防护性能不受影响。

总结

选择我们，即是选择科技与安心的结合——让您在这个夏天，轻盈自在地闪耀光芒！

改写亮点说明：

1. 结构清晰：总分总框架＋分点罗列，信息一目了然。

2. 痛点前置：将"褪色"调整为客观说明而非缺点，减少负面感知。

3. 强化利益点：每项分述均突出用户收益（如"告别黏腻""持久保护"）。

第6章

高转化文案,打造爆款内容

章前知识导读 ▶▶▶▶▶▶▶

  在数字营销时代,文案的核心目标不仅是传递信息,更是通过精准的表达,激发用户情绪,引导行为转化。高转化文案的成功不仅取决于语言的精准度,还依赖于情感共鸣、热点把控和数据驱动。通过DeepSeek AI辅助策略,可以帮助内容创作者优化表达方式,确保文案既有感染力,又具备商业价值。本章将围绕情感共鸣、热点追踪、数据驱动这三个核心策略展开,深入探讨如何打造高转化文案,使内容能够触动人心、抓住流量、提升转化率。

效果图片欣赏 ▶▶▶▶▶▶▶

6.1 情感共鸣：文案策略打动人心

情感共鸣是提升文案转化率的重要策略。一个打动人心的文案不仅能让人感受到被理解，还能激发他们采取行动。DeepSeek 利用 AI 技术分析用户的情绪、行为偏好以及社交媒体反馈，帮助商家精准把握用户心理，实现更有感染力的表达。本节将详细介绍 DeepSeek 如何通过情感共鸣提升文案转化率。

6.1.1 痛点扫描：精准定位群体焦虑

痛点是驱动受众采取行动的核心因素。如果文案能够精准识别受众群体的焦虑点并提出解决方案，就能激发强烈的共鸣。DeepSeek 通过 AI 语义分析，可以挖掘社交媒体、评论区、搜索趋势中的隐性痛点，帮助内容创作者锁定受众最关注的问题。在 DeepSeek 中进行痛点扫描的相关案例如下。

扫码看效果

提问

请分析目标用户 [职场新人、母婴人群、考研学生] 的主要焦虑点，要求如下。
1. 结合社交媒体上的热门讨论，提取高频关键词。
2. 挖掘用户在购买决策中的主要顾虑和痛点。
3. 归纳出 3～5 个核心痛点，并针对每个痛点提供解决方案的思路。

DeepSeek

目标用户焦虑点分析及解决方案

1. 职场新人

社交媒体高频关键词：

工资低、996、职场 PUA（心理、情感操控）、同事关系、租房压力、转正难、职业规划迷茫

购买决策主要顾虑：

- 担心被割韭菜（如付费课程、职场装备性价比低）
- 依赖 KOL 或熟人推荐，对广告敏感
- 时间有限，希望快速解决问题

核心痛点及解决方案思路：

（1）职业竞争力不足，缺乏系统提升路径

解决方案：提供免费技能测评＋定制化学习方案，联合企业内推资源，打造"学习—实践—就业"闭环。

（2）职场人际关系焦虑，难以融入团队

解决方案：开发轻量级职场社交工具（如匿名问答社区），或推出"高情商沟通"情景短视频课程，降低社交压力。

（3）薪资低＋生活成本高，经济压力大

解决方案：整合副业／兼职资源，或与租房平台合作提供新人专属补贴，缓解经济焦虑。

2. 母婴人群

社交媒体高频关键词：

缺觉、婆媳矛盾、产后抑郁、奶粉安全、早教内卷、花钱如流水

购买决策主要顾虑：

……

在本案例的提示词中，精准、直接地要求 DeepSeek 定位目标用户为"职场新人、母婴人群、考研学生"，避免了 DeepSeek 空洞假设，同时还明确要求"针对每个痛点提供解决方案"，增强文案的价值。

需要注意的是，应避免制造焦虑，而是提供解决方案，否则可能引发受众群体的反感，并且可以要求 DeepSeek 关注细分人群的具体需求，不要泛泛而谈。

6.1.2 故事原型：经典叙事模板调用

故事是强大的传播工具之一。优秀的文案往往遵循经典叙事结构，例如"英雄之旅""从失败到成功""困境中的转折点"等，这些结构能够迅速让读者产生代入感。DeepSeek 可以根据故事原型模板，帮助内容创作者高效构建引人入胜的叙事框架。让 DeepSeek 调用故事原型模板生成文案的相关案例如下。

扫码看效果

提问

请基于"从失败到成功"的叙事模型，为 YY 健身课程撰写品牌故事。叙事模型如下。

1. 设定主人公的初始状态和困境。
2. 描述主人公如何遭遇挑战，并探索解决方案。
3. 讲述如何借助特定产品或服务，实现成功转变。
4. 突出最终的收获和成长。

YY 健身课程品牌故事：从颓废到蜕变

1. 初始状态：迷失与困境

李明曾是个充满活力的年轻人，但高强度的工作和不良的生活习惯逐渐吞噬了他的健康。长期久坐、熬夜、饮食不规律，让他的体重飙升，体能急剧下降。每次照镜子，他都感到沮丧；爬几层楼梯就气喘吁吁，甚至开始回避朋友的聚会。他尝试过跑步、节食，甚至办过健身卡，但缺乏科学指导和坚持的动力，最终都以失败告终。

2. 遭遇挑战：探索与挣扎

一次体检后，医生警告他再不改变，健康问题将更加严重。李明决心再次尝试健身，但面对琳琅满目的健身课程和互相矛盾的信息，他感到无所适从。他试过自学视频，却因动作错误导致膝盖受伤；加入线下健身房，又因时间不灵活和缺乏个性化指导而难以坚持。他意识到，自己需要的不仅是"练"，而是一套科学、灵活且能长期坚持的健身方案。

3. 遇见转机：YY健身课程的突破

就在他几乎要放弃时，朋友推荐了YY健身课程。与其他健身产品不同，YY课程主打"智能适配＋全程陪伴"。

- 个性化计划：通过AI体能测试，为他定制了适合新手的有氧＋力量训练组合，避免盲目锻炼。
- 灵活时间：线上直播＋回放模式，让他即使加班也能随时跟上课程。
- 社群激励：专属教练和学员群每天打卡，让他从"独自硬撑"变成"一群人互相推动"。

最初几周，李明依然觉得吃力，但YY的阶段性目标设计（如"21天习惯养成计划"）和实时数据反馈让他清晰看到进步：腰围缩小了、睡眠质量提升了，甚至工作效率也提高了。

4. 成功蜕变：收获与成长

坚持半年后，李明减掉了20斤，肌肉线条逐渐显现。更重要的是，他养成了运动的习惯，心态从"被迫减肥"转向"享受健康生活"。他在YY社群里从学员变成了榜样，还结识了一群热爱生活的伙伴。YY健身课程对他而言，不仅是工具，更是重启人生的钥匙——

"原来失败不是因为我不够努力，而是没找到对的方法。YY让我明白：科学的坚持，终会赢来蜕变。"

——YY健身，陪你从0到1，见证每一份坚持的力量。

DeepSeek调用故事原型模板生成文案的优势分析如下。

（1）提高代入感：通过讲述真实或模拟故事，增强受众的情感连接。

（2）增强品牌信任：受众更容易接受带有情感和转折的叙述，而非冰冷的数据和参数。

（3）适用于多种场景：无论是社交媒体短文案、品牌官网介绍，还是广告脚本，故事模型都能提升内容的吸引力。

需要注意的是，真实性很重要，创作者可以结合真实受众案例提升可信度，让故事主角与目标受众产生共鸣，而不是只讲品牌自己的故事。

6.1.3 情绪峰值：制造传播记忆点

为什么有些文案让人过目不忘，而有些则转眼即忘？这其中的关键就在于情绪峰值——即在受众情绪最强烈的时刻，留下最深刻的记忆点。当文案在情绪上形成极大的起伏时，受众更容易产生深刻印象，并有分享的冲动。DeepSeek可基于用户心理和数据分析，帮助创作者精准设计情绪波动，在关键时刻引爆用户情绪，从而提升内容的传播性和品牌影响力。用DeepSeek设计情绪峰值文案的相关案例如下。

扫码看效果

提问

请为[不臭脚的运动鞋]生成一则能在5秒内吸引受众注意的社交媒体广告文案。
1. 以一个常见的错误认知或刻板印象开头，让受众产生误判。
2. 迅速提供一个出乎意料的事实或数据，制造冲击感。
3. 以短句收尾，激发受众的好奇心或行动。
4. 用词幽默、有吸引力。

DeepSeek

【你以为运动鞋不臭脚？】
错！普通运动鞋穿1天＝滋生10万个细菌！
但这双「会呼吸」的黑科技鞋垫，让脚丫24小时干爽如新～
告别酸爽，现在试穿还来得及！

本案例的提示词可用于制造情绪峰值的文案，通过"错误认知或刻板印象"制造违背常规认知的对比，吸引受众的注意力；接着，通过"出乎意料的事实或数据"进行夸张表达，引发受众的情绪波动；最后，以短句收尾，引导受众继续参与行动。

除此之外，还可以从以下两个角度设计提示词。

（1）煽动情感：通过触发愤怒、感动、兴奋、焦虑等强烈情绪，使受众在短时间内产生共鸣。例如，在提示词中明确要求AI讲述一个"真实或典型的困境故事"，以激发受众的同理心；接着，提供一些细节关键词，如"6岁、10公里、湿透的鞋、冬天、冻僵"，制造情绪峰值，让受众能够快速代入，感受到强烈的无力感、愤怒或感动；最后，让AI提供解决方案，并用简单有力的话语号召行动，如"今天，让我们帮她实现梦想"，形成情绪出口。

（2）制造悬念：通过提供不完整的信息，先激发受众的好奇心，再通过夸张对比强化期待感，直到最终揭晓答案，引导受众主动关注。

6.1.4　价值观锚定：绑定受众身份认同

情感营销心理学表明，人们更愿意支持与自身价值观一致的品牌。"我买的不是产品，而是我的信仰"，苹果、特斯拉等品牌正是通过价值观绑定，培养了一大批忠实拥趸。

身份认同理论指出，人们会主动选择符合自己认同感的内容，并将其作为社交标签。因此，一个深度契合受众价值观的文案，可以让受众主动分享，甚至形成社群效应。

扫码看效果

DeepSeek通过语义分析和大数据洞察，可以帮助品牌找到目标受众的价值观共鸣点。这样，文案不仅能够传递信息，更能强化受众的身份认同感，让他们自愿传播品牌理念，相关案例如下。

提问

请为[RR手表]设计一条基于"精英自我认同"的奢侈品品牌文案：
1. 强调"选择该品牌是一种身份象征"。
2. 通过隐性价值暗示，让受众感受到"拥有它＝某种成就"。
3. 以简短有力的句式收尾，制造高端感。

DeepSeek

"RR时刻，非凡之选
时间，只对少数人慷慨。RR手表，不只是一枚时计，更是精英身份的无声宣言。
当你选择RR，便已站在巅峰——它承载的不仅是分秒，更是超越常人的眼界与成就。

> RR：成就，自有其刻度。"
>
> （注：文案通过"少数人/巅峰/超越常人"构建稀缺性，用"无声宣言/自有其刻度"强化隐性价值，结尾短句以"成就"点题，同时保持高端品牌的留白感。）

本案例的提示词要求 DeepSeek 用价值观塑造高端品牌认同文案，通过"选择该品牌是一种身份象征"来定义高端人群的审美标准，以"拥有它＝某种成就"来强调品牌象征的身份认同。

需要注意的是，不要单纯地喊"我们很环保""我们很高端"口号，要结合用户行为、品牌产品，提供真实的价值点；价值观营销要自然融入，不能让用户感觉"被教育"或"被道德绑架"；品牌的所有营销活动、产品体验都要和文案传递的价值观匹配，否则容易翻车，比如喊环保口号却用大量塑料包装。

6.1.5 反差营造：颠覆认知引发讨论

在社交媒体时代，普通广告文案很容易被淹没，而能够打破受众固有认知、制造"反差感"的文案，往往能快速吸引注意力，甚至引发病毒式传播。DeepSeek 通过智能文本生成和语义分析，可以帮助文案创作者挖掘受众的固有认知盲区，构建强烈的"反差感"。这种反差感能在短时间内触发受众的兴趣、讨论和转发。用 DeepSeek 营造反差文案的相关案例如下。

扫码看效果

提问

请撰写一则反差感强烈的食品营销文案。
1. 先陈述一个常见认知，如"无糖食品口感差"。
2. 反转受众预期，强调该产品颠覆常识。
3. 以轻松有趣的方式结尾，引导受众尝试。

 DeepSeek

【谁说无糖＝难吃？】
大众认知：无糖巧克力像在啃蜡，甜得虚伪，苦得真实……（懂的都懂）
但！XX 无糖黑巧暴击偏见——
可可浓香撞上赤藓糖醇，丝滑到舌尖打滚！0 蔗糖？根本尝不出来！连控糖党都偷囤三盒，毕竟……"戒糖不戒快乐"才是人间真理
不信？敢不敢试一口？
（温馨提示：可能会颠覆你对"健康食品"的哭丧脸记忆）

本案例首先通过挑战固有认知"无糖＝不好吃"，让受众本能地认同这个观点；然后，通过反差点制造惊讶感，引发受众的兴趣；最后，要求用"轻松有趣"的风格结尾，让 DeepSeek 生成反差感强烈的视频营销文案。需要注意的是，反差要建立在事实基础上，不能纯粹为制造冲突而脱离事实，否则容易被受众质疑。

6.1.6 说服策略：从拒绝到认同的转化链

在营销和文案写作中，用户的第一反应往往是拒绝，尤其是在面对新产品、新概念或高价商品时。然而，真正高效的文案并不是直接灌输信息，而是循序渐进地引导用户从怀疑到接受，最终促成行动，这就是"从拒绝到认同的转化链"。DeepSeek 结合心理学驱动的文本优化，能够帮助创作者构建完整的说服路径，逐步瓦解用户的心理防线，促成购买或行动转化。用 DeepSeek 构建说服策略文案的相关案例如下。

扫码看效果

提问

请撰写一则在线课程广告文案。
1. 先承认受众可能存在的抗拒点，如"我没时间学"。
2. 站在受众角度共情，理解他们的顾虑。
3. 通过实际案例或数据，反转受众的认知，让他们接受新的观点。
4. 以轻松、鼓励的语气结尾，降低行动门槛。

DeepSeek

"没时间学习？"——每天 15 分钟，轻松解锁新技能！

你是不是也常这样想：

"工作太忙，根本没空上课……"

"课程太长，坚持不下来……"

"学完也用不上，何必浪费时间？"

我们懂你——时间碎片化、精力有限，谁都不想为"无效学习"埋单。

但你知道吗？

数据显示，每天只需 15 分钟，利用通勤、午休或睡前时间，90% 的学员在 1 个月内就能掌握一门实用技能（比如 Excel 自动化/短视频剪辑）。

学员 @小王用课程里的"碎片学习法"，3 周做出爆款视频，副业收入翻倍；

学员 @李姐睡前听 10 分钟音频课，半年后成功转行新媒体运营。

学习可以更聪明，而不是更辛苦。

现在开始，告别"没时间"的焦虑——

首周试学 0 元，随时可退，无压力入门！

点击下方按钮，明天就能用 15 分钟改变自己~

（悄悄说：90% 试学的学员最后都坚持下来了，你也会是其中之一）

本案例中的说服策略是通过"异议认同"化解抗拒，首先承认受众可能存在的想法"我没时间学"，以降低其防御心理；然后，通过"实际案例或数据"反转观点，用事实证明时间并不是问题；最后，用鼓励的话语把决定权交给用户，从而激发行动。

此外，还可以采用"社会认同"策略，强调大量受众的真实体验、引用具体数据或权威认证，让 DeepSeek 生成更具可信度的文案。或者，用"损失厌恶"策略，让 DeepSeek 生成激发受众行动的文案，先点出受众的潜在损失，让他们意识到问题的严重性；然后提供一个简单可行的解决方案，降低决策成本；最后，通过限时优惠或稀缺感促使用户立刻行动。

6.1.7 号召话术：激发用户即刻行动

在商业文案中，最重要的目标是促成用户的实际行动，无论是点击链接、购买产品、填写表单，还是分享内容。然而，许多文案仅停留在介绍产品或服务的层面，却缺少强有力的号召，导致受众看完之后无动于衷。因此，高效的号召话术（Call to Action，CTA），不仅要清晰直接，还要能激发受众的情绪、降低决策难度，并营造紧迫感，让他们马上行动。

扫码看效果

高效号召话术的核心要素如下。

（1）清晰具体：受众必须明确知道"接下来要做什么"，不能让他们猜测。

（2）降低门槛：让行动看起来简单可行，例如"现在领取""免费试用"。

（3）制造紧迫感：强调时间限制或稀缺性，例如"仅限前100名""优惠倒计时"。

（4）强调受众收益：不要只说"立即购买"，而是让受众从文案中看到价值，如"现在购买，立享50%折扣"。

（5）增加互动感：使用命令式、问句或第一人称话术，让受众更有代入感。

DeepSeek结合心理学与用户行为数据分析，可以帮助创作者生成精准、高转化的号召话术，并针对不同场景优化表述方式，让CTA更具吸引力。用DeepSeek生成号召话术的相关案例如下。

提问

请生成一个电商限时优惠活动的号召话术。
1. 使用强烈的动词，如"抢购""领取""解锁"。
2. 突出时间紧迫感，让受众感到错过即损失。
3. 语气直接、富有煽动性，激发行动欲望。

DeepSeek

【限时疯抢·错过再等一年！】
手慢无！全场爆款直降50%，今日24点准时下架！
立即抢购→解锁专属折扣，秒杀价仅限前100名！
倒计时开始：最后3小时，不买就是亏！
你还在等什么？库存告急，优惠券即将失效！
马上点击下单→抢光这些宝贝，错过今晚，价格立涨！
现在不买，明天后悔！剁手也要抢的优惠，速戳→[立即购买]
时间就是金钱，这一波羊毛不薅白不薅！冲啊！

本案例的提示词中，明确表示利用行动触发词如"抢购""领取""解锁"来引导行动，营造紧迫感，促使受众马上下单。

需要注意的是，不要承诺"100%成功"或"立刻变富"等不真实的内容，否则会降低信任度；也不要让CTA过于冗长，应在一句话内完成号召，避免使用过于复杂的表达。此外，可以要求DeepSeek根据品牌风格调整语气，例如电商促销可以直接刺激行动，而高端品牌则适合更优雅、克制的CTA。

6.2 热点追踪：紧跟潮流吸引流量

在信息爆炸的时代，内容的寿命越来越短，热点的更新速度也越来越快。如果不能抓住热点，内容很容易被淹没在社交媒体的海量信息中。相反，精准捕捉热点并结合自身品牌或产品输出优质内容，能够有效提升曝光度，带来持续流量，甚至引发裂变传播。

本节将为读者介绍如何利用DeepSeek结合大数据分析进行趋势预测、热点嫁接、跨平台适配等，帮助创作者高效追踪热点的方法，以确保创作者的文案始终位居流量之列。

6.2.1 趋势预测：提前48小时捕捉风口

在内容营销和社交媒体运营中，抢占热点先机是决定流量爆发的关键。如果等到热点已经爆发，竞争已经白热化，流量成本会变高，内容的曝光度也会受到限制。因此，提前48小时预测趋势并精准布局,可以帮助品牌或个人创作者在信息洪流中抢占制高点。

扫码看效果

DeepSeek结合实时数据分析、社交媒体情绪监测和AI文本生成能力，能够高效识别潜在热点，并提供具体的创作建议，确保内容在最佳时间窗口内发布，以最大化影响力。

DeepSeek趋势预测策略如下。

（1）**热点数据分析**：从社交平台、搜索引擎和新闻站点提取实时数据，寻找增长趋势。

（2）**关键词热度监测**：分析特定领域的搜索量变化、社交讨论度和用户情绪，判断哪些内容正在酝酿爆发。

（3）**行业热点对比**：结合历史热点模式，预判新兴话题的流量峰值时间点。

（4）**内容建议与优化**：基于预测趋势，AI生成符合热点的标题、文案、短视频脚本等内容模板。

用DeepSeek进行热点趋势预测的相关案例如下。

STEP 01 开启一个新的对话，单击输入框中的"联网搜索"按钮，如图6-1所示。

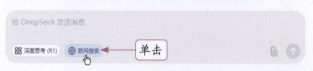

图6-1 单击"联网搜索"按钮

STEP 02 在输入框中输入相应的提示词，用于指导AI联网搜索并进行热点趋势预测，按Enter键或单击"发送"按钮，DeepSeek即可根据提示词生成相应内容，相关提示词和回复如下。

> **提问**
>
> 请基于小红书、抖音、快手、微博等平台过去 48 小时的社交媒体数据，分析即将爆发的热点趋势。
> 1. 识别增长最快的关键词和话题（附数据支持）。
> 2. 结合历史热点，预测未来 48 小时内可能出现的流量高峰。
> 3. 生成 5 个适合品牌推广或内容创作的选题建议。

> **DeepSeek**
>
> 根据过去 48 小时（3 月 26 日至 28 日）的社交媒体数据及近期趋势分析，以下是小红书、抖音、快手、微博等平台的热点预测及品牌推广建议。
>
> **1. 增长最快的关键词和话题（附数据支持）**
> - "新能源储能"
>   近期新能源储能领域合作频繁，如 LG 新能源与台达电联手开拓美国市场、山东实施锂离子电池储能地方标准等。预计相关话题（如"户用储能""光储充一体化"）将在科技、财经类账号带动下增长。
> - "旧情复燃"
>   星座运势类内容提及 3 月 26 日后"旧情可能复燃"，该话题在情感类博主中发酵，微博、小红书的＃星座运势＃、＃复合攻略＃等标签互动量上升。
> - "AI 内容生成"
>   抖音、小红书近期加强对 AI 生成内容的审核，但 AI 辅助创作（如写作、修图）工具仍受关注，相关教程类视频播放量增长 30%。
> - "短剧营销"
>   快手、抖音的微短剧投放量增加，尤其是"重生逆袭""甜宠"类题材，品牌植入案例（如美妆、服装）带动＃短剧种草＃话题。
> - "违禁词规避"
>   因平台审核趋严，抖音、小红书"违禁词清单"搜索量增长 50%，商家和创作者关注合规话术。
>
> **2. 未来 48 小时可能的流量高峰预测**
> - 新能源政策解读
>   内蒙古储能补偿机制、加州长时储能采购计划等新闻可能被财经、科技类账号二次传播，带动＃储能投资＃、＃绿色能源＃等话题。
> - 情感类内容
>   星座预测提及"旧情复燃"，情感博主可能集中发布"如何挽回前任""断联后主动联系"等内容，微博、小红书互动量或达峰值。
> - AI 工具测评
>   随着 AI 写作、修图工具普及，技术类博主可能推出"最实用的 AI 工具排行"，抖音、B 站相关视频流量可能上涨。
> ……

DeepSeek 趋势预测并提前布局的优势分析如下。

（1）降低竞争风险，确保内容有足够的曝光窗口。

（2）精准控制话题方向，避免流量被更大品牌抢走。

（3）内容准备更充分，质量高，更容易形成长尾传播。

> **专家指点**
>
> DeepSeek 趋势预测并提前布局的误区与注意事项如下。
>
> **误区 1：所有热点都值得跟进**
>
> 有些热点仅仅是短暂的娱乐话题，生命周期极短，不适合长期布局。DeepSeek 可以帮助创作者筛选长期有价值的热点（如行业趋势、技术突破）。
>
> **误区 2：预测趋势＝成功蹭流量**
>
> 预测只是第一步，内容质量和分发策略同样重要。需要结合 DeepSeek 优化标题、文案，确保内容足够吸引人。
>
> **误区 3：热点只适合社交媒体**
>
> 其实，很多趋势热点也适用于博客、SEO、YouTube 甚至企业内训内容。

6.2.2 热点嫁接：旧内容蹭新流量

在内容营销中，热点的生命周期短暂，但优质内容的价值是长期的。很多品牌和个人创作者经常遇到的问题是：如何让过去的内容重新焕发生命力，获得新的流量？这正是"热点嫁接"策略的核心——将已有内容与最新热点巧妙结合，既能降低创作成本，又能快速抓住用户注意力。

扫码看效果

DeepSeek 的智能内容分析和热点适配算法可以高效完成这一过程，帮助用户在不改变核心内容的前提下，让旧内容借助新流量实现二次传播。

DeepSeek 的热点嫁接策略如下。

（1）识别可嫁接的热点：DeepSeek 通过分析社交媒体、搜索引擎趋势和新闻源，识别近期与目标行业相关的热点，并提供趋势评分，确保嫁接的热点具备流量潜力。

（2）匹配已有内容：DeepSeek 通过语义分析和关键词关联，从用户已有的文章、视频脚本、社交媒体内容中找出可与热点结合的内容，避免生硬蹭流量。

（3）生成热点优化方案：DeepSeek 根据热点趋势，提供标题优化建议、内容补充方向和社交媒体分发策略，确保内容更具传播力。

（4）自动生成新版本：DeepSeek 可以直接生成基于热点的新版文案，包括文章开头重写、视频脚本优化和社交媒体文案改写，让内容更符合当前热点的语境。

在 DeepSeek 中使用"联网搜索"模式进行热点嫁接的相关案例如下。

> **提问**
>
> 请基于 DeepSeek 最新模型的发布信息，结合我之前写的文章《ChatGPT 对上 DeepSeek：谁是最强 AI 助手？》，生成一篇新版文章。
>
> 1. 解析 DeepSeek AI 功能如何影响市场格局。
> 2. 结合 ChatGPT 现有能力，进行优劣势对比。
> 3. 采用热点关键词优化标题，提高 SEO（搜索引擎优化）权重。

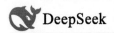

2025终极对决：DeepSeek逆袭ChatGPT，AI霸主易主？

近年来，AI大模型领域的竞争愈发激烈。2022年，ChatGPT横空出世，成为全球AI标杆；2024年，国内"六小虎"崭露头角；而到了2025年，DeepSeek凭借其低成本、高性能的开源模型，迅速抢占市场，甚至一度在App Store超越ChatGPT。本文将结合最新动态，解析DeepSeek如何重塑AI市场格局，并与ChatGPT进行深度对比，探讨谁才是当前最强的AI助手。

一、DeepSeek崛起：如何改变AI市场格局？

1. 低成本训练，打破行业壁垒

DeepSeek最引人注目的突破在于其超低训练成本。其最新模型DeepSeek-V3仅花费557.6万美元，远低于GPT-4的1亿美元训练成本。这种"AI界的拼多多"策略，让更多中小企业和开发者能够负担高性能AI，推动AI技术"平民化"。

2. 开源策略，加速生态扩张

2025年初，DeepSeek发布开源模型R1，采用纯深度学习自发涌现推理能力，性能媲美GPT-4。这一策略吸引了大量开发者，并与阿里云、AWS等云服务商合作，构建更开放的AI生态。相比之下，OpenAI虽逐步开放部分API，但核心模型仍保持闭源，DeepSeek的开源模式更具吸引力。

3. 高性价比API，抢占开发者市场

DeepSeek的API定价仅为OpenAI的三十分之一（每百万tokens仅1～4元），这一策略迅速吸引了大量开发者迁移。OpenAI虽仍占据高端市场，但DeepSeek的高性价比使其在中小企业、个人开发者中占据优势。

4. 用户增长迅猛，挑战ChatGPT霸主地位

DeepSeek发布仅20天，日活用户突破2161万，达到ChatGPT的50%。其移动端应用DeepSeek-R1甚至一度在App Store超越ChatGPT，显示出强劲的市场竞争力。

二、DeepSeek与ChatGPT的终极对比

- 在训练成本方面，DeepSeek-V3仅花费557.6万美元，而ChatGPT的GPT-4训练成本高达约1亿美元。DeepSeek采用完全开源策略（R1模型），而ChatGPT仅部分开放API，核心模型仍保持闭源。
- API定价上，DeepSeek每百万tokens仅需1～4元，远低于ChatGPT的定价。在推理能力方面，DeepSeek的R1模型能够自发涌现推理能力，性能媲美GPT-4，而ChatGPT仍主要依赖监督学习＋RLHF。
- 市场定位上，DeepSeek以高性价比吸引中小企业用户，而ChatGPT仍占据高端市场，品牌效应更强。用户增长方面，DeepSeek仅用20天日活就突破2161万，而ChatGPT增长已开始放缓。

三、双方优劣势分析

……

DeepSeek热点嫁接的优势分析如下。

（1）长效内容持续利用，降低创作成本。

（2）避免热点消退后内容失效，提升内容的生命周期。

（3）优化SEO权重，让旧文章获得更多新流量。

6.2.3 争议点挖掘：安全参与敏感话题

在社交媒体和内容营销中，争议性话题往往能引发高互动和高传播。人们天生对"冲突"更感兴趣，讨论具有争议的问题能快速吸引用户注意，让品牌或个人在话题中占据一席之地。

扫码看效果

但争议性内容也伴随着风险，稍有不慎就可能引发负面舆论、品牌信任危机，甚至被平台限流。因此，DeepSeek 提供安全参与敏感话题的策略，帮助内容创作者精准把握争议点，既能借势传播，又能规避风险。在 DeepSeek 中使用"联网搜索"模式进行争议点挖掘的相关案例如下。

提问

请分析当前社交媒体关于"AI生成内容是否影响原创性"的争议点，并提供：
1. 支持与反对的主要观点，并保持客观立场。
2. 不涉及极端观点，适合大众传播。
3. 提供一些幽默或有趣的视角，让讨论更有吸引力。

DeepSeek

关于"AI生成内容是否影响原创性"的争议分析

1. 支持与反对的主要观点（客观立场）

支持 AI 生成内容的观点：
- 效率工具论：AI 是创作的"加速器"，能帮助人类突破灵感瓶颈，比如生成初稿、配图或音乐片段，让创作者更专注于核心创意。
- 民主化创作：降低专业门槛，让非专业人士也能表达创意（比如普通人用 AI 生成漫画或诗歌）。
- "拼贴艺术"类比：AI 本质是学习现有作品后重组，类似人类"站在巨人肩膀上"的创作方式，未必剥夺原创性。

反对 AI 生成内容的观点：
- 版权模糊：AI 训练数据可能未经原作者授权，存在"用别人的创意喂AI"的伦理争议。
- 同质化风险：AI 倾向于生成"平均风格"内容，可能导致网络内容趋同，削弱人类独特性。
- 创作者经济受损：如果甲方用 AI 替代人类创作者，可能挤压原创者的生存空间。

2. 避免极端，大众友好表达

不极端化表述：
避免："AI 会彻底毁灭艺术！"或"人类创作者早晚失业！"
改为："AI 是画笔还是复印机？取决于我们怎么用它。"

3. 幽默/有趣视角
- AI 的"自我吐槽"：
"我是 AI，我连'原创'这个词都是人类教我的。"
- 经典比喻：
"用 AI 创作像让鹦鹉学莎士比亚——句子可能很美，但鹦鹉不懂自己在说什么。"
- 反向调侃：
……

如何挖掘、识别安全的争议点？如图 6-2 所示。

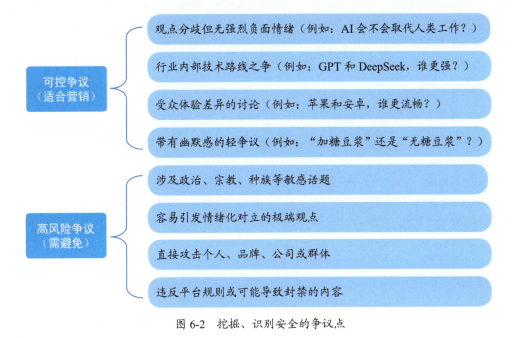

图 6-2　挖掘、识别安全的争议点

6.2.4　长效内容：热点退潮后持续引流

为什么短期热点容易消失，而长效内容能持续引流？

热点是流量的"放大器"，但绝大多数热点的生命周期极短，可能一天内爆发，几天后便无人问津。如果内容创作者仅依赖热点，一旦风头过去，之前积累的流量就会迅速衰退，无法形成长期增长。

扫码看效果

相比之下，长效内容能在热点退潮后，依然稳定带来搜索流量、社交分享和用户关注。通过 DeepSeek，可以让热点内容具备长期价值，避免因时效性而失去吸引力。在 DeepSeek 中使用"联网搜索"模式生成具备长效价值文案的相关案例如下。

提问

请基于当前家居产品的更新情况，生成一篇适合长期搜索的家居好物推荐文章。
1. 提供 10 个热门、好用的家居产品。
2. 结合受众反馈优化每个产品的优势 / 劣势。
3. 提供每个产品适用的使用场景，让内容更实用。

DeepSeek

2025 年提升生活品质的 10 款热门家居好物推荐

在智能科技与人性化设计不断融合的 2025 年，家居产品正以前所未有的速度更新迭代，为我们的日常生活带来更多便利与舒适。本文将精选 10 款当前最受欢迎、口碑极佳的家居好物，从智能安全到健康养生，从厨房神器到舒适家具，全面覆盖现代家庭的各类需求。每款产品我们都将深入分析其核心优势、可能存在的不足以及最适合的使用场景，帮助您根据自身需求做出明智选择，让家居生活更智能、更便捷、更美好。

智能安全与清洁类产品

360 可视门铃 5 Pro 无疑是 2025 年家庭安全领域的明星产品。这款门铃搭载 300 万像素高清摄像头和 166°超广角视野，能够清晰捕捉来访者的面部细节，即使站在门侧也能一览无余。受众反馈特别赞赏其 2K 超清画质和红外夜视功能，即使在夜间也能提供清晰的监控画面。不过需要注意的是，这款产品不具备防水功能，安装在户外时需要选择有遮挡的位置。最适合独居人士、有老人小孩的家庭，或者经常网购需要频繁收快递的受众，它能有效提升家门口的安全系数，让您随时掌握门前动态。

在家庭清洁领域，石头 G10S 扫地机器人以其卓越的清扫能力赢得了广泛好评。5100Pa 的超强吸力配合防毛发缠绕的胶刷设计，能够轻松应对从细小灰尘到宠物粮等各种垃圾。受众特别称赞其 3000 次/分钟的声波震动擦地功能和自动补水系统，地板清洁效果远超人工。不过有受众反映其基站体积较大，对小户型可能不太友好。这款产品特别适合工作繁忙的上班族、有宠物或小孩的家庭，以及追求极简生活方式的受众，它能大大减轻家务负担，让您有更多时间享受生活。

厨房烹饪神器推荐

钛古 IC-B3501 微压 IH 电饭煲以其艺术外观和卓越性能成为 2025 年厨房必备单品。这款电饭煲采用德国工艺内胆和日本大金涂层，不仅耐用不粘，还能让米饭在内胆中经历 300 次海浪翻滚，煮出的米饭粒粒分明、弹润饱满。受众特别喜爱其 V 型设计，即使是半杯米也能完美烹煮，解决了单人食的难题。不过受众反映其价格偏高，可能超出部分消费者的预算。这款产品最适合追求生活品质的单身贵族、小家庭以及对米饭口感有高要求的烹饪爱好者，它能将日常煮饭提升为一种享受。

东芝石窑水波炉 XD95 堪称厨房全能王，集微蒸烤炸炖五大功能于一身。受众最赞赏其 250℃过热水蒸气烤技术，能实现外酥里嫩的完美口感，同时保持食材健康低脂。内置 47 道自动菜单让厨房新手也能轻松做出美味佳肴。不过其体积较大，对小厨房可能造成空间压力。这款产品特别适合空间有限但希望拥有多功能烹饪设备的公寓住户、忙碌的上班族以及追求健康饮食的家庭，它能大幅缩短烹饪时间，同时保证食物营养和美味。

……

短期热点通常由某个突发事件引发，但背后往往隐藏着长期关注的问题。创作者可以利用 DeepSeek AI 提取热点背后的长期议题，将热点与"长效主题"绑定，让内容在热点退去后仍具有搜索价值。

6.2.5 跨平台适配：同一内容多形态分发

扫码看效果

在内容创作的过程中，许多企业和个人都面临一个难题：同样的文案，在不同平台上，有的能爆，有的却无人问津。这是因为各大平台的内容推荐机制、用户习惯、互动方式各不相同，一刀切的内容投放方式往往导致低效传播，甚至流量损失。

要让一篇高质量的文案发挥最大影响力，必须进行"跨平台适配"，根据平台特性调整内容形态。DeepSeek 通过智能改写、内容拆解、媒介转换等方式，可以帮助创作者将一篇内容高效分发至多个平台，最大化曝光率和用户触达率。在 DeepSeek 中生成跨平台适配文案的相关案例如下。

> **提问**
>
> 请围绕"新手露营地推荐"撰写一篇 2000 字的公众号文章。
> 1. 详细分析 3～5 个适合新手的露营地。
> 2. 结合真实露营体验,突出优缺点。
> 3. 文章逻辑清晰,语言风格需专业但通俗易懂、有吸引力,适合深度阅读。

> 新手露营指南:5 个最适合初学者的露营地推荐
>
> 露营作为近年来快速崛起的户外活动,正吸引着越来越多都市人的参与。对于初次尝试露营的新手来说,选择一个合适的露营地至关重要——它直接决定了你的首次露营体验是充满乐趣还是噩梦连连。本文精心挑选了 5 个特别适合露营新手的场地,结合真实体验详细分析各自的优缺点,帮助你找到最理想的"露营初体验"目的地。
>
> **一、为什么新手需要特别选择露营地**
>
> 与经验丰富的露营者不同,新手面临着独特的挑战:装备不熟悉、搭建技巧生疏、户外经验不足。一个好的新手露营地应当具备以下特征:
> - 交通便利:距离城市适中,道路状况良好。
> - 设施完善:提供基础生活设施和安全保障。
> - 管理规范:有专业运营团队,应急措施到位。
> - 景观适中:风景宜人但不过于"野性"。
> - 活动丰富:提供多样化体验项目。
>
> 基于这些标准,我们筛选出以下 5 个最适合新手的露营地,它们各具特色,能满足不同偏好的露营初体验需求。
>
> **二、五大新手友好型露营地深度评测**
>
> 1. 北京近郊:金海湖大溪水亲子营地
>
> 推荐理由:距离北京市区仅 1.5 小时车程的金海湖大溪水营地,是华北地区最成熟的新手露营地之一。
>
> 真实体验亮点:
>
> 湖畔草坪开阔平整,帐篷搭建难度极低。
>
> ……

不同的平台,需要以不同的形式发布内容,创作者在设计 AI 提示词时,可以在提示词中加入平台、阅读习惯、内容长度以及结构等关键词,以便 DeepSeek 生成的文章内容可以适配不同平台。不同平台的内容适配策略如表 6-1 所示。

表 6-1 不同平台的内容适配策略

平台	阅读习惯	内容形式	适配内容策略
公众号	深度阅读	长文攻略	详细拆解+数据支持+逻辑清晰
抖音/快手	信息流快速阅读	30 秒精华短视频	视觉冲击+关键词引导+快节奏叙述
小红书	场景化阅读	图文种草	生活化语言+实用信息+视觉吸引

（续表）

平台	阅读习惯	内容形式	适配内容策略
微博	热点导向	短内容	观点犀利+互动话题+热门标签
知乎	搜索阅读	问答式内容	答疑解惑+专业建议+实时讨论
B站	深度解读	Vlog/体验测评、长视频	结构化叙述+视觉化表达+高信息密度

6.3 数据驱动：让文案更有说服力

在高竞争的内容营销环境中，仅凭直觉写文案已经不够。真正高转化的文案，不仅要打动用户情绪，还需要有数据支撑，让信息更具权威性和说服力。数据驱动的文案创作能够帮助品牌和创作者精准分析受众行为，优化内容策略，并通过 A/B 测试、ROI 预测等方式，提高文案的可信度和商业价值。

DeepSeek 作为智能文案辅助工具，能够结合大数据分析，提供数据支持的内容优化方案，确保文案不仅"有感觉"，更能真正影响用户决策。本节将为读者介绍 DeepSeek 在数据驱动文案创作方面的应用。

6.3.1　A/B 测试流：用数据淘汰低效文案

A/B 测试（Split Testing）是一种数据驱动的优化方法，通过同时运行两个或多个版本的文案，分析用户行为数据（如点击率、转化率、阅读时长等），找出最有效的表达方式。DeepSeek 可以自动生成多个文案版本，并通过 AI 预测分析，筛选出可能效果最好的方案。

扫码看效果

例如，某电商平台正在投放一款无线降噪耳机的广告，他们希望通过 DeepSeek 找到最能吸引点击的广告语，相关案例如下。

提问

请针对"无线降噪耳机"撰写两个不同风格的广告文案。
1. A 版本：以情感共鸣为主，强调生活方式。
2. B 版本：以数据为核心，突出产品性能指标。
3. 适合 A/B 测试，需语言简洁、有吸引力，适用于社交媒体广告投放。

DeepSeek

A 版本：情感共鸣·生活方式
标题："听见世界，更听见自己"
文案：
喧嚣的城市，忙碌的生活——你需要一片专属的宁静。
【XX 无线降噪耳机】，智能降噪，一键沉浸。
通勤时隔绝嘈杂，旅途中享受音乐，工作时专注无扰。

让每一刻，都成为你想要的频率。
点击体验「静」界！
B 版本：数据驱动·性能指标
标题："降噪深度 -40dB，续航 30 小时，这才是真无线旗舰！"
文案：
√ 主动降噪深度 -40dB，地铁、飞机噪声一键消除。
√ 长达 30 小时，超长续航，支持快充（充电 5 分钟，听歌 2 小时）。
√ 蓝牙 5.3，连接稳定无延迟，Hi-Res 音质认证。
【XX 无线降噪耳机】，用硬核数据定义体验！
限时优惠，立即抢购→
A/B 测试适配：
……

DeepSeek 用 A/B 测试法生成文案的优势分析如下。

（1）精准对比不同表达方式（场景感知对比数据背书），便于 A/B 测试。

（2）结合用户心理，既考虑感性购买者，也覆盖理性消费者。

（3）适配广告投放需求，确保内容符合社交媒体短时阅读习惯。

6.3.2 传播路径分析：找到内容裂变节点

在社交媒体、短视频平台以及私域流量池中，内容的传播路径决定了曝光量和转化率。许多品牌和个人创作者在内容发布后，往往只关注浏览量和点赞数，而忽略了传播裂变的关键节点——即哪些环节的内容被更多人分享，哪些用户群体推动了传播，哪些平台助力了扩散。DeepSeek 结合 AI 数据分析能力，能够追踪内容传播路径，识别裂变节点，并优化文案策略，使传播效应最大化。用 DeepSeek 分析传播路径，找到内容裂变节点的相关案例如下。

扫码看效果

提问

我是一位旅行博主，希望通过短视频推广冷门旅行地，吸引更多用户关注并形成传播裂变。我在公众号、小红书、微博等平台发布了同一篇文章，内容为「不去三亚？这座海岛人少景美，还超便宜！」，请分析以下传播路径数据，详细分析每个平台的传播优势与劣势，找出传播裂变点、最容易引发转发的文案类型、最佳发布时间、用户互动率最高的平台，并给出数据分析和改进建议。

传播路径数据如下。

1. 平台：小红书，浏览量：30 万，点赞率：10%，评论互动率：5.1%，转发率：2.3%，裂变节点：旅行社群扩散＋私信分享。

2. 平台：公众号，浏览量：15 万，点赞率：8%，评论互动率：3.2%，转发率：1.8%，裂变节点：朋友圈转发扩散＋"朋友赞过"推送。

3. 平台：微博，浏览量：10 万，点赞率：5%，评论互动率：2.8%，转发率：0.9%，裂变节点：话题标签参与度低。

DeepSeek

一、各平台传播数据分析与优劣势对比

1. 小红书

优势：

高浏览量（30万）：小红书算法对优质内容推荐力度大，尤其是"小众旅行地"这类精准垂类内容。

高互动率（点赞10%/评论5.1%）：用户主动搜索旅行攻略的意愿强，社区氛围鼓励"种草"和分享。

裂变效果最佳（转发率2.3%）：通过"旅行社群扩散+私信分享"形成二次传播，用户更愿意将内容分享给熟人或有共同兴趣的群体。

劣势：

内容需高度视觉化（依赖精美图片/视频），文案需简洁直击痛点。

2. 公众号

优势：

长尾流量稳定：文章可通过朋友圈转发和"朋友赞过"推送持续曝光（裂变节点依赖社交关系链）。

用户黏性高：粉丝信任感强，适合深度内容（如旅行攻略合集）。

劣势：

互动率较低（评论3.2%）：公众号打开率依赖标题和粉丝基数，非粉丝用户触达难度较高。

转发率一般（1.8%）：需依赖强社交属性（如"利他性"内容：省钱攻略、独家路线）。

3. 微博

优势：

话题传播潜力：适合热点联动（如结合"平替三亚"等热搜词）。

劣势：

互动率最低（转发0.9%）：用户更关注娱乐/社会新闻，旅行内容需强争议性或明星效应才能破圈。

算法推荐弱：若无大V转发或付费推广，容易淹没在信息流中。

……

DeepSeek通过分析传播路径，找到文案裂变节点的优势分析如下。

（1）精准锁定传播渠道，帮助用户找到最具裂变潜力的社交平台。

（2）结合数据分析，让优化建议更具可执行性，使文案不仅能被看见，还能主动传播。

（3）适配不同内容类型，无论是短视频、电商文案还是公众号推文都适用。

6.3.3 ROI预测模型：预判内容商业价值

在内容营销和广告投放中，企业最关心的核心问题之一是：这篇文案到底值不值得投入？能带来多少回报？传统文案优化往往依赖经验和直觉，而DeepSeek通过ROI（投资回报率）预测模型，可以在内容发布前就精准预判商业价值，帮助企业做出更明智的决策。用DeepSeek通过ROI预测模型预判文案商业价值的相关案例如下。

扫码看效果

提问

旅行社计划推广一条关于「冬日雪景旅行」的广告，投放到小红书和抖音，但不确定哪种文案能带来最高转化率。请根据以下内容预测文案的 ROI。

1. 目标内容：冬日雪景旅行广告。
2. 目标受众：雪景爱好者与摄影发烧友、冬季运动爱好者、家庭亲子游群体等。
3. 传播渠道：小红书、抖音。
4. 关键指标：点击率、转化率、预计 ROI。
5. 需要输出：对比不同文案版本的 ROI 预测＋优化建议。

DeepSeek

ROI 预测与文案对比分析

文案版本 1：情感共鸣型

标题："在北海道，遇见童话里的冬天"

内容：

"踩在厚厚的雪地上，听咯吱声治愈所有疲惫

独家私藏雪景拍摄点

亲子滑雪营＋温泉体验

限时早鸟价立减 500 元！

#冬日治愈之旅#雪景摄影"

ROI 预测：

点击率：小红书（3%～5%），抖音（2%～4%）

情感化语言＋"治愈"关键词贴合小红书调性；抖音需更强视觉冲击。

转化率：小红书（1.5%～2.5%），抖音（1%～1.8%）

家庭亲子游和摄影群体易被"独家拍摄点""亲子滑雪"吸引。

预计 ROI：中等偏高（小红书 1∶4，抖音 1∶3）

文案版本 2：利益驱动型

标题："冬季特惠！人均 1999 元玩转东北雪乡！"

内容：

"限时抢购：12 月行程立减 30%！

√ 含滑雪装备＋跟拍摄影师

√ 儿童免单＋温泉酒店升级

只剩最后 10 个名额！

#高性价比雪景#滑雪优惠"

……

DeepSeek 通过 ROI 预测模型预判文案商业价值的优势分析如下。

（1）数据驱动优化：让 AI 结合历史数据分析，精准预测文案表现。

（2）可量化 ROI：不仅提供主观优化建议，还能用数据衡量改进效果。

（3）适配多种内容：可用于短视频、电商广告、品牌营销等不同领域。

6.4 本章小结

本章主要围绕 DeepSeek 高转化文案创作进行了深入介绍。首先，向读者介绍了 DeepSeek 在情感共鸣文案策略方面的应用；然后，介绍了 DeepSeek 在文案热点追踪方面的应用；最后，介绍了 DeepSeek 在文案数据驱动方面的应用。通过掌握本章介绍的方法和技巧，读者可以通过 DeepSeek 打造高转化文案，不断提升文案的吸引力和转化率，创造更大的价值。

6.5 课后实训

鉴于本章内容的重要性，为了帮助读者更好地掌握所学技能，本节将通过课后实训，帮助读者进行简单的知识回顾和补充。

实训任务：参考 6.1.3 案例，让 DeepSeek 基于健康主题，生成一篇具有强烈情绪冲击力的文案，相关提示词和回复如下。

扫码看效果

提问

请基于健康主题生成一篇具有强烈情绪冲击力的文案。
1. 选择一个具有情感冲突的场景（如亲子关系、职场竞争）。
2. 设计一个引人共鸣的转折点。
3. 用强烈的视觉或感官描述，突出情绪峰值。
4. 让结尾留下思考空间，激发受众讨论或转发。

DeepSeek

标题：
"凌晨 3 点的加班咖啡，终于换来了 ICU（重症加强护理病房）的 VIP 床位"

文案正文：
（场景：职场竞争下的身体崩溃）
你盯着电脑，第 7 杯冰美式在胃里灼烧。
凌晨 3 点的办公室，键盘声像倒计时的秒表。
"再拼这一次，升职名单一定有你的名字。"
（转折点：健康崩塌的瞬间）
直到屏幕上的 Excel 表格突然扭曲——
你捂住胸口倒下时，手机亮了。
上司的信息："明天汇报，决定总监人选。"
……

第7章

图片生成，轻松打造视觉佳作

章前知识导读 ▶▶▶▶▶▶▶

在数字化内容创作的浪潮中，AI 生成图片已成为视觉营销、品牌宣传、社交媒体运营的重要工具。过去，制作高质量的海报、插画、摄影作品往往需要专业设计师，而现在，通过 AI 生成图片的能力，非专业用户也能轻松打造视觉佳作。本章将深入解析 DeepSeek 的以文生图技术、核心提示词优化策略以及其他 AI 生成工具，帮助用户高效创作高质量图片。

效果图片欣赏 ▶▶▶▶▶▶▶

7.1 DeepSeek：以文生图核心技术

DeepSeek 通过强大的深度学习模型，能够根据文字描述生成高质量的图像，从电商产品展示、社交媒体配图到电影海报设计，只要用户掌握以文生图的核心技术，即可轻松生成优质图像。本节将为读者介绍 DeepSeek 以文生图的核心技术。

7.1.1 生成原理：掌握生图核心技术

DeepSeek 的以文生图能力基于扩散模型（Diffusion Model），其核心工作原理如图 7-1 所示。

扫码看教学

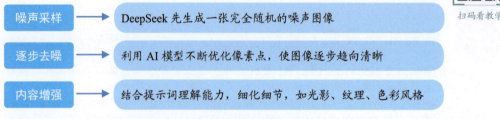

图 7-1　扩散模型核心工作原理

要想应用扩散模型生图，还需要先编写一个 URL（Uniform Resource Locator，统一资源定位符）链接，将扩散模型编入 URL 链接中。URL 是对可以从互联网上得到的资源的位置和访问方法的一种简洁的表示，是互联网上标准资源的地址。URL 的格式通常如下。

协议://主机名:端口号/路径？查询字符串#片段标识符

- 协议：指定了访问资源所使用的协议类型，例如 HTTP、HTTPS、FTP 等。
- 主机名：指定了服务器的域名系统（DNS）主机名或 IP 地址。
- 端口号：（可选）指定了服务器上的端口号。如果省略，则使用协议的默认端口。
- 路径：指定了服务器上资源的路径。
- 查询字符串：（可选）指定了附加到路径的查询参数，用于传递额外的信息给服务器。
- 片段标识符：（可选）指定了资源内部的一个片段或位置，通常由井号（#）后跟一个标识符字符串组成。

用户可以在 DeepSeek 的输入框中，输入以下带 URL 链接的提示词，即可应用扩散模型，相关提示词及回复如下。

> 提问
>
> 你好 DeepSeek，现在你的角色是 AI 图片生成机器人，接下来我会给你一些中文关键词描述，请你在不影响我关键词描述的情况下，先根据我的描述进行文本润色、丰富描述细节，之后转换成英文，并将英文文本填充到下面 URL 链接的占位符 prompt 中：
> ![image]
> (URL 链接见本书资源提示词文档)
> 生成后请给出你润色后的中文提示语。

好的,我明白了!请提供您想要生成图片的中文关键词描述,我会按照以下步骤处理。
1. 润色和丰富细节:在保持您原意的基础上,优化语言表达,增加合理的细节,使画面更生动。
2. 翻译成英文:将润色后的中文描述精准翻译成英文,确保符合 AI 绘图的理解要求。
3. 生成图片链接:将英文提示语填入 URL 的 {prompt} 占位符中,生成可直接访问的图片链接。
4. 返回润色后的中文提示语:方便您核对内容。
请提供您的初始关键词描述,我会立即开始处理!

可以看到,提示词中设定了 DeepSeek 的角色为 AI 图片生成机器人,并明确了 AI 生图的操作步骤。用户只需要在 DeepSeek 完全理解了具体流程后,发送描述图片的提示词,DeepSeek 即可根据发送的图片描述生成噪声图像。同时,扩散模型将开始逐步"去噪",每一步都将根据文本向量调整图像,最终生成符合描述的清晰图片。

7.1.2 文字输入:激活模型生成图片

利用扩散模型在 DeepSeek 中生成图片前,用户还可以让 DeepSeek 先生成一段描述词,然后再利用上一小节中的提示词激活扩散模型,生成用户需要的海报、插画、商品图、艺术图、风景图等高质量视觉作品,效果如图 7-2 所示。

扫码看教学

图 7-2 效果展示

下面介绍在 DeepSeek 中生成海报的操作方法。

STEP 01 在 DeepSeek 的输入框中，输入需要 AI 生成图片描述的主题和细节内容，相关提示词和回复内容如下。

> **提问**
> 我要制作一幅关于"春日露营"的宣传海报，结合帐篷、美食、美景等元素，请你帮我细化海报的具体内容，旨在增强图片细节表现，打造精品宣传海报，生成一组完整的提示词，限 50 字以内。

> **DeepSeek**
> 提示词：
> 春日露营，阳光草地，缤纷帐篷，野餐桌摆满美食，烧烤架烟雾缭绕，远处青山湖泊，风筝飞舞，孩童嬉戏，繁星灯串，细节光影，清新自然风格。

STEP 02 执行操作后，在 DeepSeek 的输入框中，输入上一小节中带 URL 的链接提示词，待 DeepSeek 回复已了解生图步骤后，发送前面 DeepSeek 生成的海报提示词，相关提示词和回复内容如下。

> **提问**
> 春日露营，阳光草地，缤纷帐篷，野餐桌摆满美食，烧烤架烟雾缭绕，远处青山湖泊，风筝飞舞，孩童嬉戏，繁星灯串，细节光影，清新自然风格

> **DeepSeek**
> 润色后的中文提示语：
> "春日和煦，阳光洒满翠绿草地，五彩帐篷错落点缀，野餐桌上摆满新鲜水果、三明治和甜点，烧烤架升起袅袅炊烟。远处青山环抱碧蓝湖泊，彩色风筝在晴空飞舞，孩童欢笑追逐，夜幕降临时繁星灯串闪烁，柔和光影交织，整体画面清新自然，充满生机与温馨。"
> 英文 Prompt：
> A warm spring day, sunlight illuminating the lush green meadow, colorful tents scattered across the field, picnic table filled with fresh fruits, sandwiches, and desserts, smoky barbecue grill. Distant blue lakes surrounded by rolling green mountains, vibrant kites flying in the clear sky, children laughing and playing. As dusk falls, twinkling string lights glow softly, blending with delicate shadows. The scene is fresh, natural, and full of vitality and warmth.
> 生成图片链接（点击直接查看）：
> ……
> 希望这张海报能完美呈现春日露营的欢乐氛围！

STEP 03 待 DeepSeek 回复图片生成链接后，❶选择链接，单击鼠标右键；❷在弹出的快捷菜单中选择"转到……"命令，如图 7-3 所示。

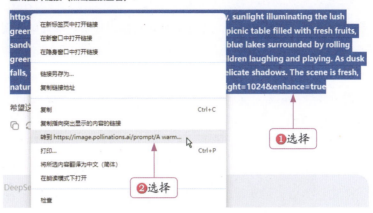

图 7-3 选择"转到……"命令

STEP 04 执行操作后，即可转到图片生成页面，查看生成的海报，在海报上单击鼠标右键，在弹出的快捷菜单中选择"图片另存为"命令，如图 7-4 所示，即可保存生成的图片。

图 7-4 选择"图片另存为"命令

7.2 画面描述：让图片更具精致感

AI 生成的图片质量在很大程度上取决于提示词的精准度。在 DeepSeek 或其他 AI 生图工具中生成图片时，用户可以通过优化提示词，提升画面构图、光影效果、色调效果以及风格一致性等，使最终输出更符合期望。本节将为读者介绍如何通过优化画面描述提示词，让 AI 生成的图片更加精致、美观。

7.2.1　构图提示词：调整画面布局

构图是传统摄影创作中不可或缺的部分，它主要通过有意识地安排画面中的视觉元素来增强图片的感染力和吸引力。在 AI 生图工具中使用构图提示词，可以描述取景方式，增强画面的视觉效果，传达独特的观感和意义，创作出精美的图片。

例如，三分线构图是一种在摄影、绘画、设计等艺术中经常使用的构图手段，画面被垂直和水平划分为左右或者上下平均的 3 个部分，引导观众的视线；主体通常放置在交叉点或靠近分割线的位置，增强视觉平衡感，适用于风景、人物等主题摄影，效果如图 7-5 所示。

图 7-5　用"三分线构图"提示词生成的图片

▶ 专家指点

AI 生成图片的提示词，均可在本书赠送的提示词文档中查看，读者可以直接复制提示词去 AI 生图工具中以文生图。

再例如，微距构图是一种专门用于拍摄微小物体的构图方式，主要目的是尽可能地展现主体的细节和纹理，以及赋予其更强的视觉冲击力，这种构图适用于花卉、小动物、美食或者生活中的小物品，效果如图 7-6 所示。

图 7-6　用"微距构图"提示词生成的图片

7.2.2　相机提示词：生成专业拍摄效果

在 AI 生成图片时，相机参数提示词能够极大程度地影响最终画面的专业性和真实性。通过模拟真实相机的拍摄效果，AI 生图工具可以精准控制光圈、焦距、景深、快门速度等参数，从而生成高质量、富有层次感的图像。

例如，焦距是指镜头的光学属性，表示从镜头到成像平面的距离，它会对照片的视角和放大倍率产生影响。35mm 是一种常见的标准焦距，视角接近人眼所见，适用于生成人像、风景、街景等 AI 摄影作品，效果如图 7-7 所示。

图 7-7　模拟 35mm 焦距生成的图片

此外，不同的相机参数组合会直接影响画面的质感和氛围，如表 7-1 所示是一些关键的相机参数及其作用。

表 7-1　相机参数及其作用

参　　数	作　　用	适用场景
光圈（Aperture）	控制进光量，影响景深	人像、风景、微距摄影
焦距（Focal Length）	决定视角宽窄，影响透视效果	广角、特写、压缩空间
快门速度（Shutter Speed）	控制运动模糊，决定动态效果	运动摄影、光绘
感光度（ISO）	影响画面亮度和噪点	低光摄影、夜景
景深（Depth of Field）	控制清晰范围，突出主体	人像、微距、环境虚化

假设需要生成一张野生动物摄影作品，此时可以在提示词中加入"长焦镜头""中等景深"和"透视压缩"，使生成的动物照片更具立体感，效果如图 7-8 所示。

图 7-8　通过组合相机参数生成的图片

7.2.3 细节提示词：呈现视觉吸引力

光线与色调都是 AI 绘画中非常重要的细节元素，它们可以呈现出很强的视觉吸引力，并传达出创作者想要表达的情感。

例如，侧光是指从主体的左侧或右侧射来的光线，能够形成明显的明暗对比。在 AI 生图工具中，使用提示词"侧光"可以营造出强烈的视觉层次感和立体感，让物体轮廓更加分明、清晰，效果如图 7-9 所示。

图 7-9　用"侧光"提示词生成的图片

再例如，糖果色调是一种鲜艳、明亮的色调，常用于营造轻松、欢快和甜美的氛围感。在 AI 生图工具中，"糖果色调"提示词非常适合生成插画、绘本、建筑、街景、儿童、食品、花卉等类型的作品，效果如图 7-10 所示。

图 7-10　用"糖果色调"提示词生成的图片

7.2.4 风格提示词：赋予图片艺术性

在 AI 生图工具中使用风格提示词，描述创意和艺术形式，可以让生成的图片更加具有美学风格和个人创造性，部分风格提示词分类及应用场景如表 7-2 所示。

表 7-2　部分风格提示词分类及应用场景

风格类型	视觉特点	适用场景
油画风格（Oil Painting）	粗犷笔触，色彩浓烈，油彩质感	艺术创作、古典风海报
水彩风格（Watercolor）	透明感，色彩柔和，梦幻氛围	童话插画、轻松治愈风
赛博朋克（Cyberpunk）	霓虹灯光，未来科技感，冷暖对比	科幻设定、游戏原画
二次元动漫（Anime）	线条分明，色彩鲜艳，日式风格	漫画角色、二次元壁纸
复古胶片（Vintage Film）	噪点颗粒，偏色滤镜，时间感	怀旧海报、复古摄影
极简风（Minimalism）	色彩单一，线条简洁，留白	高端品牌广告、UI 设计
黑暗哥特（Gothic）	高对比度，冷色调，阴森氛围	奇幻角色设定、恐怖题材

不同的风格提示词，能够改变 AI 生成图片的色彩搭配、笔触纹理、光影处理、构图方式等，使作品更具艺术性和感染力。例如，极简风是一种强调简洁、减少冗余元素的艺术风格，效果如图 7-11 所示。

图 7-11　用"极简风格"提示词生成的图片

在 AI 生图工具中，极简风格的提示词包括：简单、简洁的线条、极简色彩、负空间、极简静物。

再例如，二次元动漫是一种独特且富有魅力的视觉表现形式，它融合了多种艺术元素和技巧，以其独特的形式感、丰富的色彩、幻想元素以及对细节与质感的注重而深受观众喜爱。无论是 Q 版风格的可爱呆萌、哥特风格的神秘黑暗，还是古风风格的古典优雅，都展现了二次元动漫风格的多样性和魅力所在，效果如图 7-12 所示。

图 7-12　用"古风二次元"提示词生成的图片

7.2.5 出图提示词：让视觉体验更佳

扫码看教学

在使用 AI 生图工具生成图片时，创作者可以输入一些出图指令和提示词，描述图片的品质和渲染类型，从而提升出图质量。

例如，使用提示词"8K 分辨率"，可以让 AI 绘画作品呈现出更为清晰流畅、真实自然的画面效果，为用户带来更好的视觉体验。

在提示词"8K 分辨率"中，8K 表示分辨率高达 7680 像素 ×4320 像素的超高清晰度，而分辨率则用于再次强调高分辨率，从而让画面具有更高的细节表现能力和视觉冲击力。使用提示词"8K 分辨率"生成的图片效果如图 7-13 所示。

图 7-13 用"8K 分辨率"提示词生成的图片

再例如，"超清晰/超高清晰"这组提示词，能够为 AI 生成的图片带来超越高清的极致画质，以及更加清晰、真实、自然的视觉感受。

使用提示词"超高清晰"，不仅可以让图片呈现出非常锐利、清晰和精细的效果，还能细致入微地展现出更多的细节和纹理，效果如图 7-14 所示。

图 7-14 用"超高清晰"提示词生成的图片

7.3 其他工具：AI 生成高质量图片

通过学习前面的内容，读者可以掌握使用 DeepSeek 生成图片提示词和直接生图的方法。除了通过 DeepSeek 直接生图外，读者还可以利用 DeepSeek 生成的提示词，在其他 AI 工具中生成需要的图片，例如可灵 AI、即梦 AI、海螺 AI、豆包等。本节将以可灵 AI 和即梦 AI 为例，介绍 AI 生图的操作方法。

7.3.1 可灵 AI：解锁创意生图

可灵 AI 是快手自研的 AI 生成大模型，以其强大的创意生图能力脱颖而出，能够帮助用户快速生成富有想象力、风格多变的视觉作品。无论是商业插画、品牌广告，还是个人创意作品，可灵 AI 都能提供多种独特的视觉效果，使设计更具创意性和视觉冲击力。

下面为读者介绍可灵 AI 手机版从下载安装到文生图、图生图的操作方法。

❶ 可灵 AI 手机版下载安装

用户可以在手机自带的应用商店中，轻松下载并安装可灵 AI 手机版，具体操作如下。

STEP 01 在手机应用市场 App 中，❶搜索"可灵"，找到"可灵 AI"的安装包；❷点击"安装"按钮，如图 7-15 所示。

扫码看教学

STEP 02 稍等片刻，即可自动下载并安装软件。安装完成后，点击软件右侧的"打开"按钮，如图 7-16 所示，即可打开可灵 AI 应用程序，并通过手机短信验证码进行登录。

图 7-15　点击"安装"按钮　　　　图 7-16　点击"打开"按钮

❷ 可灵 AI 文生图

在可灵 AI 手机版的"文生图"界面中，用户只需输入 DeepSeek 生成的图片提示词，或自定义的创意提示词，并对生成信息进行简单设置，即可让 AI 生成符合自己需求的创意图片，效果如图 7-17 所示。

扫码看教学

图 7-17　效果展示

下面介绍在可灵 AI 手机版中文生图的操作方法。

STEP 01　进入可灵 AI 手机版的"首页"界面，点击"文生图"按钮，如图 7-18 所示。

STEP 02　进入"文生图"界面，用户可以在"创意描述"文本框中直接输入图片创意提示词，或者点击"DeepSeek-R1 灵感版"按钮，如图 7-19 所示。

STEP 03　进入"可灵 AI×DeepSeek-R1 灵感版"界面，在输入框中输入图片创意提示词，如图 7-20 所示。

图 7-18　点击"文生图"按钮　　图 7-19　点击相应按钮　　图 7-20　输入图片创意提示词

STEP 04 点击 ⬆ 按钮，DeepSeek 即可对图片创意提示词进行润色，如果满意润色后的提示词，点击"使用提示词"按钮，如图 7-21 所示。

STEP 05 返回"文生图"界面，DeepSeek 润色后的提示词将自动填入输入框中，点击界面下方的 ⬆ 按钮，如图 7-22 所示。

STEP 06 弹出参数设置面板，根据自身需求，❶设置图片的比例和生成数量；❷点击"立即生成"按钮，如图 7-23 所示。

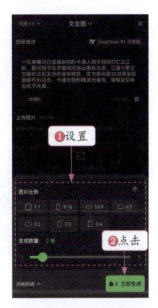

图 7-21　点击"使用提示词"按钮　　图 7-22　点击 ⬆ 按钮　　图 7-23　点击"立即生成"按钮

STEP 07 稍等片刻，即可生成创意图片，点击生成的图片，如图 7-24 所示。

STEP 08 执行操作后，即可预览生成的图片，点击界面上方的 ⬇ 按钮，如图 7-25 所示，即可下载图片。

图 7-24　点击生成的图片　　图 7-25　点击 ⬇ 按钮

❸ 可灵 AI 图生图

在可灵 AI 手机版的"文生图"界面中，除了通过输入创意提示词生成图片外，用户还可以上传参考图，再结合创意提示词，让 AI 根据参考图的风格、色彩和元素生成新的创意图片，这种方式能够帮助用户更直观地实现"以图生图"，原图与效果图对比如图 7-26 所示。

扫码看教学

下面介绍在可灵 AI 手机版中图生图的操作方法。

图 7-26 原图与效果图对比

STEP 01 进入可灵 AI 手机版的"首页"界面，点击"文生图"按钮，进入"文生图"界面，❶在"上传图片"下方点击 按钮，弹出相应面板；❷选择"相册选择"选项，如图 7-27 所示。

STEP 02 进入"选择图片"界面，选择一张需要上传的参考图，如图 7-28 所示。

STEP 03 进入相应界面，❶选择"通用垫图"选项作为参考项；❷点击"完成"按钮，如图 7-29 所示，即可成功上传图片。

图 7-27 选择"相册选择"选项　　图 7-28 选择参考图　　图 7-29 上传图片

STEP 04 ❶在"创意描述"文本框中输入图片创意提示词;❷拖曳"参考强度"下方的滑块至最右端,将参考强度调到最大;❸在界面下方点击 按钮,如图7-30所示。

STEP 05 弹出参数设置面板,根据自身需求,❶设置图片的比例和生成数量;❷点击"立即生成"按钮,如图7-31所示。

STEP 06 稍等片刻,即可生成创意图片,如图7-32所示。

图 7-30　点击 按钮　　图 7-31　点击"立即生成"按钮　　图 7-32　生成创意图片

> **专家指点**
>
> AI生成图片后,用户可以在"图片生成"界面中,点击"我的资产"按钮,进入"资产"界面查看生成过的图片。此外,还可以在"创意圈"界面生成热门同款图片或视频。

7.3.2　即梦AI:一键灵感生图

即梦AI是由字节跳动公司抖音旗下的剪映推出的一款AI图片与视频创作工具,用户只需要提供简短的灵感描述或上传参考图,即梦AI就能快速将用户的创意和想法转化为图像或视频画面。下面为读者介绍即梦AI手机版从下载安装到文生图、图生图的操作方法。

❶ **即梦AI手机版下载安装**

与可灵AI一样,用户可以在手机自带的应用商店中下载并安装即梦AI手机版,具体操作如下。

STEP 01 在手机应用市场App中,❶搜索"即梦",找到"即梦AI"的安装包;❷点击"安装"按钮,如图7-33所示。

扫码看教学

STEP 02 稍等片刻,即可自动下载并安装软件。安装完成后,点击软件右侧的"打开"按钮,如图7-34所示,即可打开即梦AI应用程序,用户可以使用剪映账号一键登录。

图 7-33　点击"安装"按钮　　图 7-34　点击"打开"按钮

❷ 即梦 AI 文生图

　　文生图是即梦 AI"AI 作图"功能中的一种绘图模式，它可以通过选择不同的模型、填写创作灵感（也称之为提示词）和设置参数来生成用户想要的图像，效果如图 7-35 所示。

扫码看教学

图 7-35　效果展示

　　下面介绍在即梦 AI 手机版中文生图的操作方法。

STEP 01　进入即梦 AI 手机版的"想象"界面，点击文本框直接输入灵感提示词，或者点击 DeepSeek-R1 按钮，如图 7-36 所示。

STEP 02　进入 DeepSeek-R1 界面，在文本框中输入图片创作灵感，如图 7-37 所示。

STEP 03　点击 按钮，即可让 DeepSeek 根据灵感描述重新生成提示词，点击"生图片"按钮，如图 7-38 所示。

图7-36 点击DeepSeek-R1按钮

图7-37 输入图片创作灵感

图7-38 点击"生图片"按钮

STEP 04 返回"想象"界面，DeepSeek重新生成的提示词将自动填入输入框中，❶点击 按钮，展开设置面板；❷设置"选择比例"为16∶9；❸设置"选择模型"为"图片3.0"，如图7-39所示。

STEP 05 点击"生成"按钮，稍等片刻，即可生成4张图片，选择一张满意的图片，如图7-40所示。

STEP 06 进入图片预览界面，点击界面下方的 按钮，如图7-41所示，即可将图片保存到本地相册或分享至抖音、好友。

图7-39 设置生成比例和模型

图7-40 选择一张满意的图片

图7-41 点击 按钮

❸ 即梦 AI 图生图

即梦 AI 的图生图功能允许用户上传一张图片，并通过添加文本描述的方式生成新的图片。使用即梦 AI 的图生图功能时，用户可以设置一定的参考内容，包括主体、人物长相、边缘轮廓、景深、人物姿势等，从而引导 AI 生成自己心中所想的图像，原图与效果图对比如图 7-42 所示。

扫码看教学

图 7-42　原图与效果图对比

下面介绍在即梦 AI 手机版中图生图的操作方法。

STEP 01　进入即梦 AI 手机版的"想象"界面，点击输入框右侧的➕按钮，如图 7-43 所示。

STEP 02　进入"系统相册"界面，选择一张需要上传的参考图，如图 7-44 所示。

图 7-43　点击➕按钮　　　　　　图 7-44　选择参考图

STEP 03 执行操作后，即可返回"想象"界面，并上传图片，❶在输入框中输入图片描述词；❷点击"生成"按钮，如图 7-45 所示。

STEP 04 稍等片刻，即可根据参考图和描述词生成 4 张图片，如图 7-46 所示。根据喜好和需求，选择一张喜欢的图片下载即可。

图 7-45　点击"生成"按钮

图 7-46　生成 4 张图片

7.4　本章小结

本章主要介绍了 AI 图片生成的操作方法。首先介绍了 DeepSeek 以文生图的原理和生成图片的具体操作；然后介绍了 AI 图片生成的相关提示词，例如构图提示词、相机提示词、风格提示词等，以便 AI 生成的图片更加精致；最后介绍了可灵 AI 和即梦 AI 手机版的下载安装操作，以及在可灵 AI 和即梦 AI 手机版中，通过 DeepSeek 生成图片提示词并进行文生图、图生图的操作方法。

通过学习本章的技巧和操作方法，读者可以掌握如何通过 DeepSeek 生成图片描述或直接生成图片，如何使用可灵 AI 和即梦 AI 以文生图、以图生图，满足图片创作需求。

7.5　课后实训

鉴于本章内容的重要性，为了帮助读者更好地掌握所学技能，本节将通过课后实训，帮助读者进行简单的知识回顾和补充。

实训任务：使用即梦 AI 以文生图，生成一张古风人像图片，效果如图 7-47 所示。

图 7-47 效果展示

下面介绍相关的操作步骤。

STEP 01 进入即梦 AI 手机版的"想象"界面，在文本框中直接输入灵感提示词，如图 7-48 所示。

STEP 02 ❶点击 按钮，展开设置面板；❷设置"选择比例"为 16：9；❸设置"选择模型"为"图片 2.0 Pro"，如图 7-49 所示。

STEP 03 点击"生成"按钮，稍等片刻，即可生成 4 张图片，如图 7-50 所示。根据喜好和需求，选择一张喜欢的图片下载即可。

图 7-48 输入灵感提示词

图 7-49 设置图片生成比例和模型

图 7-50 生成 4 张图片

第 8 章

视频生成，人人都是创意导演

章前知识导读 ▶▶▶▶▶▶▶

　　AI 视频生成技术的发展，让每个人都能轻松创作专业级视频，无须复杂的剪辑技能，也无须专业的设备，仅通过文字或图片输入，就能让 AI 生成高质量的动态内容。本章将深入探讨如何利用 AI 视频生成工具，如可灵 AI 和即梦 AI，通过 DeepSeek 生成的提示词构建画面，实现从文字到视觉的创意转化。同时，还将介绍 AI 对口型匹配以及风格化视频制作等功能，帮助读者快速打造富有感染力的视频内容。

效果图片欣赏 ▶▶▶▶▶▶▶

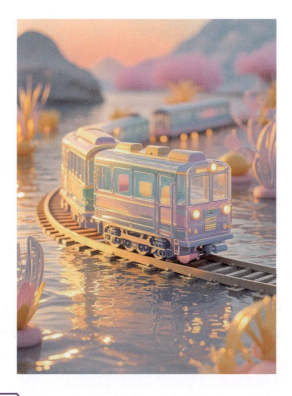

8.1 文字到画面：AI视频提示词

AI视频生成的核心在于提示词的精准度，不同的描述方式会影响最终视频的质量。创作者可以利用DeepSeek根据主体、场景、视角、景别、光线和风格等要素生成具体的提示词，以便AI可以生成视频。本节将详细解析主体、场景、视角、景别、光线和风格提示词，帮助创作者精准控制画面，让AI生成的视频更具专业感和艺术表现力。

8.1.1 主体提示词：精准定位核心元素

在AI视频创作的世界里，主体提示词是描述视频主角或主要元素的重要词汇，它们能够帮助模型理解和创造出符合要求的视频内容。主体不仅能够为视频注入灵魂，还为观众提供了视觉焦点和情感共鸣的源泉。以下是一些让DeepSeek生成AI视频主体提示词的相关案例。

扫码看教学

提问
我需要用AI生成一个女孩在花海中的视频，请帮我写一个专业的提示词，包含人物细节、环境、服装、表情和拍摄要求等要素。

DeepSeek
提示词：
一片盛开的绿色洋桔梗花海，女孩身穿白色连衣长裙，头戴花环，长发，微卷，面带笑容，斜挎草编包包，站在花海中间，手里抱着一大束绿色洋桔梗花，蓝天白云，长远拍摄，16K高清画面，真实，全景。

使用DeepSeek生成AI视频主体提示词，AI生成的视频效果如图8-1所示。

图8-1 效果展示

为帮助创作者更好地明确视频主体，下面介绍一些常见的视频主体类别，如表8-1所示。

表 8-1 常见的视频主体类别

类 别	示 例
人物	名人、模特、演员、公众人物
动物	宠物（猫、狗）、野生动物、地区标志性动物
自然景观	山脉、海滩、森林、瀑布
城市风光	城市天际线、地标建筑、街道、广场
交通工具	汽车、飞机、火车、自行车、船只
食物和饮料	美食制作过程、餐厅美食、饮料调制
产品展示	电子产品、时尚服饰、化妆品、家居用品
教育内容	教学视频、讲座、实验演示、技能培训
娱乐和幽默	搞笑短片、喜剧表演、魔术表演
运动和健身	体育赛事、健身教程、运动员训练
音乐和舞蹈	音乐视频、现场演出、舞蹈表演
艺术和文化	艺术作品展示、文化节庆、历史遗迹介绍
游戏和电子竞技	电子游戏玩法、电子竞技比赛、游戏评测
商业和广告	商业宣传、广告、品牌推广
幕后制作	电影、电视节目、音乐视频的制作过程
旅行和探险	旅行日志、探险活动、文化体验

通过巧妙地结合这些主体，创作者可以在 DeepSeek 构建出多样化的视频提示词，通过 AI 工具生成各种引人入胜的故事画面，满足不同受众的期待和喜好。

8.1.2 场景提示词：构建沉浸式背景

在 DeepSeek 中生成 AI 视频的提示词时，创作者可以提供一个特定的场景，让 DeepSeek 生成详细的描绘内容，这不仅包括场景的物理环境，还涵盖了情感氛围、色彩调性、光线效果以及动态元素，具体案例如下。

扫码看教学

提问：
我要用 AI 生成一个关于"被薄雾笼罩的江南古镇"的视频，请帮我写一个简洁且详细的场景提示词。

提示词：
一座被薄雾笼罩的江南古镇，青石板街道，白墙黛瓦，屋檐滴水，湖边停着一艘小船，远处传来丝竹之声，晨光微弱，烟雨朦胧，诗意氛围。

通过 DeepSeek 精心设计的提示词，AI 能够生成与之相匹配的视频，效果如图 8-2 所示。

图 8-2 效果展示

创作者在生成视频场景时,还可以让 DeepSeek 从地点、时间和氛围等方面对场景进行描述,下面介绍一些常见的场景类别,如表 8-2 所示。

表 8-2 常见的场景类别

类 别	举 例
地点描述	北京的街头、江南的古镇
	长城之上、埃菲尔铁塔下
	森林中、沙滩上、月球表面
时间描述	清晨、黄昏
	夏日炎炎、冬日雪景
	元宵节之夜、新年钟声响起时
氛围描述	柔和的阳光下、斑驳的树影中
	温暖的橙色调、冷静的蓝色调
	微风轻拂的声音、花香四溢
场景细节	古老的石板路、现代的摩天大楼
	街头的涂鸦艺术、树上的彩灯
	人群中的孤独旅人、市场中的热闹摊位

8.1.3 视角提示词:优化视觉效果

在 AI 视频的提示词中,视线角度会对观众与画面元素进行互动和建立情感联系产生影响。不同的视线角度可以影响观众对画面的感知和理解,因此选择合适的视线角度对于创造吸引人的视频来说至关重要。创作者用 DeepSeek 生成 AI 视频提示词时,可以根据想要的画面效果,指定视线角度,具体案例如下。

扫码看教学

> **提问**
> 我需要用 AI 生成一个低角度仰拍、镜头缓慢上移的樱花与鸟的视频,请帮我写一个专业的 AI 视频生成提示词。

提示词：
低角度仰拍，镜头缓慢上移，展现鸟儿在樱花树上的身影，整体色调梦幻柔光。

使用 DeepSeek 生成视角提示词，AI 生成的视频效果如图 8-3 所示。

图 8-3　效果展示

下面介绍一些常见的视线角度，如表 8-3 所示。

表 8-3　常见的视线角度

类　型	介　绍
平视角度	平视角度是指镜头与主要对象的眼睛保持大致相同的高度，模拟人类的自然视线，给人一种客观、真实的感觉
俯视角度	俯视角度是指镜头位于主要对象上方，从上往下看，可以用于展现主要对象的脆弱或渺小，强调其在环境中的位置
仰视角度	仰视角度是指镜头位于主要对象下方，从下往上看，通常会给人一种崇高、庄严或敬畏的感觉
斜视角度	斜视角度是指镜头与主要对象的视线呈一定角度，既不是完全正面也不是完全侧面，可以创造一种戏剧性、紧张或神秘的感觉
正面视角	正面视角是指镜头直接面对主要对象，与主要对象的正面保持平行，给人一种直接、坦诚的感觉
背面视角	背面视角是指镜头位于主要对象的背后，展示对象的背部和其所面对的方向，可以创造出一种神秘、悬念或探索的感觉
侧面视角	侧面视角是指镜头位于主要对象的侧面，展示对象的侧面轮廓和动作，能够突出对象的侧面特征

8.1.4　景别提示词：突出关键细节

画面景别提示词是用来描述和指示视频画面中的主体所呈现出的范围大小，不同的景别可以突出不同的视觉焦点，帮助观众快速识别视频中的重点。画面景别提示词一般可以分为远景、全景、中景、近景和特写这 5 种类型，每种类型都有其特定的功能和效果，相关内容如表 8-4 所示。

扫码看教学

表 8-4　常见的画面景别

类　型	介　绍
远景	展现广阔的场面，以表现空间环境为主，可以表现宏大的场景、景观、气势，有抒发情感、渲染气氛的作用，常常应用于影片或者某个独立的叙事段落的开篇或结尾
全景	展现人物全身或场景的全貌，强调人物与环境的关系，交代场景和人物位置，有助于观众理解场景中的空间关系，适合表现人物的整体动作和姿态
中景	展现场景局部或人物膝盖以上部分的景别，主要用于表现人与人、人与物之间的行动、交流，生动地展现人物的姿态动作
近景	展现人物胸部以上部分或物体局部的景别，主要用于通过面部表情刻画人物性格，通常需要与全景、中景、特写景别组合起来使用
特写	展现人物颈脖以上部位或被摄物体的细节，用以细腻表现人物或被拍摄物体的细节特征，通过他们的面部表情、眼神或者其他微妙的肢体语言来传达情感，使观众更加深入地理解角色的内心世界

例如，特写镜头能够捕捉并放大物体的细节，使观众能够更加直观地感受到物体构造的细微之处，相关案例如下。

提问：
请帮我生成 AI 视频提示词，描述一个【极特写镜头】，主体是【女性手腕上的银色手链】，需要体现【窗边洒下的阳光】。

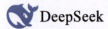

提示词：
极特写镜头，聚焦女性手腕上的银色手链，手部动作轻柔，阳光从窗边洒下，背景模糊处理，突出饰品质感与细节雕刻。

使用 DeepSeek 生成 AI 视频景别提示词，AI 生成的视频效果如图 8-4 所示。

图 8-4　效果展示

8.1.5 光线提示词：营造氛围感

环境光线是影响场景氛围和视觉效果的重要因素。表 8-5 所示为一些常见的环境光线类型，应用这些光线提示词可以帮助并指导 AI 创建出具有不同光照效果和氛围的视频内容。

扫码看教学

表 8-5 常见的环境光线

类型	介绍
自然光	模拟自然界中的光源，如日光、月光等，通常呈现出柔和、温暖或冷峻的效果，且根据时间和天气条件而异，如清晨的柔光、午后的烈日、黄昏的余晖、月光下的静谧等
软光	光线柔和，没有明显的阴影和强烈的对比，给人一种温暖、舒适的感觉，如柔和的室内照明、温馨的烛光、漫射的自然光
硬光	光线强烈，有明显的阴影和对比度，可以营造出强烈的视觉冲击力，如强烈的阳光直射、刺眼的聚光灯、硬朗的阴影效果
逆光	光源位于主体背后，产生强烈的轮廓光和背光效果，使主体与背景分离，如夕阳下的逆光剪影、背光下的轮廓突出
侧光	光源从主体侧面照射，产生强烈的侧面阴影和立体感，如侧光下的雕塑感、侧面阴影的戏剧效果、侧光照亮的细节展现
环境光	用于照亮整个场景的基础光源，提供均匀而柔和的照明，营造出整体的光照氛围，如均匀的环境照明、柔和的环境光晕
霓虹灯光	光线的色彩鲜艳且闪烁不定，为视频带来一种繁华而充满活力的氛围，如都市霓虹、梦幻霓虹等
点光源	模拟点状光源，如灯泡、烛光等，产生集中而强烈的光斑和阴影，如温馨的烛光照明、聚光灯下的戏剧效果、点光源营造的神秘氛围
区域光	模拟特定区域或物体的光源，为场景提供局部照明，如窗户透过的柔和光线、台灯下的阅读氛围、区域光照亮的重点突出
暗调照明	画面的整体场景较为昏暗，强调阴影和暗部的细节，营造神秘、紧张或忧郁的氛围，如暗调下的神秘氛围、阴影中的细节探索、昏暗环境中的情绪表达
高调照明	画面的整体场景较为明亮，强调亮部和高光部分，营造出清新、明亮或梦幻的氛围，如高调照明下的清新氛围、明亮的场景展现、高光突出的细节强调

例如，创作者可以让 DeepSeek 在生成提示词时，添加 "夕阳风光" 或 "逆光" 等关键词，相关案例如下。

提问

请帮我生成 AI 视频提示词，描述一对情侣手牵手在海边漫步的浪漫场景，要突出夕阳风光和逆光光线效果。

 DeepSeek

提示词：
逆光，海边，情侣牵手漫步，落日沉入海平线，光线泛红。

使用添加了 "逆光" 的提示词，可以使画面产生夕阳下逆光的效果，从而让画面对象产生剪影，显示出轮廓的边缘，增强明暗对比，效果如图 8-5 所示。

图 8-5　效果展示

8.1.6　风格提示词：满足艺术愿景

提示词还可以决定视频的技术和风格,从而影响最终的视觉呈现和观众的感受。通过 DeepSeek 生成的技术与风格相关的提示词,可以让 AI 生成具有高度创意和专业水准的视频内容,满足用户的艺术愿景,并为观众带来引人入胜的视觉体验,相关案例如下。

扫码看教学

提问

请帮我生成 AI 视频提示词,关于"春天的火车"主题,宫崎骏动画电影风格,分辨率为 8K,拍摄手法为全景拍摄,限 40 字左右。

DeepSeek

提示词:
通往春天的火车,火车行驶中,宫崎骏动画电影风格,2D 动画,梦幻,8K,全景拍摄。

使用 DeepSeek 生成 AI 视频技术和风格提示词,AI 生成的视频效果如图 8-6 所示。

图 8-6　效果展示

下面是一些可以用于增强视频吸引力的技术和风格提示词，如表 8-6 所示。

表 8-6 增强视频吸引力的技术和风格提示词

类别		示例
分辨率和帧率	高分辨率	指定视频的分辨率，如 4K 或 8K，以确保图像的极致清晰度和细节表现力
	高帧率	设定视频的帧率，如 60 帧每秒或更高，以获得流畅的动态效果，特别适合动作场面和需要慢动作回放的场景
摄影技术	创意摄影	采用创意摄影技术，比如使用慢动作来强调情感瞬间，或延时摄影来展示时间的流逝
	全景拍摄	利用 360 度全景拍摄技术，为观众提供沉浸式的视频体验，尤其适用于自然景观和大型活动
	运动跟踪	使用运动跟踪摄影技术，捕捉快速移动物体的清晰画面，适用于体育赛事或动作场景
	景深控制	通过控制景深，创造出不同的视觉效果，如浅景深突出主体，或大景深展现环境
艺术风格	3D 与现实结合	融合 3D（Three Dimensional，三维）动画和实景拍摄，创造出既真实又梦幻的视觉效果
	35mm 胶片拍摄	模仿传统 35mm 胶片的质感和色彩，为视频带来复古和文艺的气息
	动画	采用动画技术，如 2D（Two Dimensional，二维）或 3D 动画，为视频增添无限的想象空间和创意表达
特效风格	电影风格	应用电影级别的色彩分级和调色，使视频具有专业和戏剧性的外观
	未来主义	通过前卫的特效和设计，展现未来世界的科技感和创新精神
后期处理	色彩校正	进行专业的色彩校正，以确保视频色彩的真实性和视觉冲击力，增强情感表达
	特效添加	根据视频内容和风格，添加适当的视觉特效，如粒子效果、镜头光晕或动态背景，以增强视觉效果
	节奏控制	根据视频的节奏和情感变化，运用剪辑技巧，如跳切、交叉剪辑或慢动作重放，以增强叙事动力

8.2 可灵 AI：零基础生成视频

在短视频全面爆发的时代，"创意有了，视频不会做"成了许多普通用户与小团队的共同困境。可灵 AI 正是在这种背景下诞生的"全流程 AI 视频创作工具"。它不仅能从文本、图片生成视频，还能自动完成口型、特效等复杂操作，真正做到零门槛创作，快速出片。本节将为读者介绍在可灵 AI 中制作视频的操作方法。

8.2.1 文生视频：一键生成人像视频

可灵 AI 的"文生视频"功能，只需输入一段文字，AI 就能智能理解其内容、情绪、场景，快速生成具备完整叙事逻辑和视觉表达的视频片段，例如人像视频，效果如图 8-7 所示。

扫码看教学

图 8-7 效果展示

下面介绍在可灵 AI 手机版中进行文生视频的操作方法。

STEP 01 进入可灵 AI 手机版的"首页"界面,点击"文生视频"按钮,进入"文生视频"界面,❶在左上角将生成模型切换为"可灵 1.0";❷点击"DeepSeek-R1 灵感版"按钮,如图 8-8 所示。

STEP 02 进入"可灵 AI×DeepSeek-R1 灵感版"界面,❶发送视频创意提示词,DeepSeek 即可对创意提示词进行润色;❷点击"使用提示词"按钮,如图 8-9 所示。

STEP 03 返回"文生视频"界面,点击界面下方的 按钮,如图 8-10 所示。

图 8-8 点击相应按钮　　图 8-9 点击"使用提示词"按钮　　图 8-10 点击 按钮

STEP 04 展开设置面板,根据需要设置"创意相关""生成模式""生成时长""视频比例"以及"生成数量",如图 8-11 所示。

STEP 05 点击"立即生成"按钮,即可一键生成人像视频,如图 8-12 所示。

STEP 06 点击生成的视频,进入预览界面,点击界面上方的 按钮,如图 8-13 所示,即可下载视频。

第 8 章 ▶ 视频生成，人人都是创意导演

图 8-11　设置各项参数　　　图 8-12　生成人像视频　　　图 8-13　点击相应按钮

8.2.2　图生视频：快速制作动态内容

在短视频时代，静态图片已无法满足观众的注意力阈值，而将图片"动起来"，不仅更具吸引力，还能拓展内容边界。可灵 AI 的"图生视频"功能，正是将照片、插画等静态素材通过 AI 运算转化为短视频的新方式，帮助用户低门槛地生成动画化、镜头化、叙事化的视频内容，效果如图 8-14 所示。

扫码看教学

图 8-14　效果展示

下面介绍在可灵 AI 手机版中进行图生视频的操作方法。

STEP 01　进入可灵 AI 手机版的"首页"界面，点击"图生视频"按钮，如图 8-15 所示。

STEP 02　进入"图生视频"界面，❶在左上角切换生成模型为"可灵 1.0"；❷在"首尾帧"选项卡中点击图片上传区域，弹出相应面板；❸选择"相册选择"选项，如图 8-16 所示。

STEP 03　进入"选择图片"界面，选择一张需要上传的图片，如图 8-17 所示。

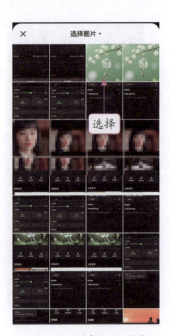

图 8-15　点击"图生视频"按钮　　图 8-16　选择"相册选择"选项　　图 8-17　选择一张图片

STEP 04　执行操作后，即可上传所选图片，❶在"创意描述"文本框中输入视频描述；❷点击下方的 ∧ 按钮，如图 8-18 所示。

STEP 05　展开设置面板，根据需要设置"创意相关""生成模式""生成时长"以及"生成数量"，如图 8-19 所示。

STEP 06　点击"立即生成"按钮，稍等片刻，即可将静态图片生成视频，如图 8-20 所示。

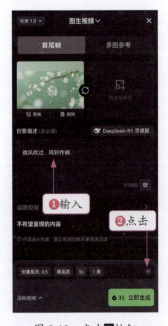

图 8-18　点击 ∧ 按钮　　　　　图 8-19　设置各项参数　　　　图 8-20　将静态图片生成视频

8.2.3 创意特效：提升视觉冲击力

可灵 AI 的"创意特效"功能中，提供了一些趣味性的特效，例如花花世界、魔力转圈圈、快来惹毛我、捏捏乐以及万物膨胀等，创作者可以选择合适的特效，生成相关的创意短视频，效果如图 8-21 所示。

扫码看教学

图 8-21 效果展示

下面介绍在可灵 AI 手机版中生成创意特效视频的操作方法。

STEP 01 进入可灵 AI 手机版的"首页"界面，点击"创意特效"按钮，如图 8-22 所示，即可进入"创意特效"界面。

STEP 02 ❶在"选择特效"下方选择"花花世界"选项；❷点击"上传图片"板块中的图片上传区域，如图 8-23 所示。

STEP 03 在弹出的面板中，选择"相册选择"选项，如图 8-24 所示。

图 8-22 点击"创意特效"按钮　　图 8-23 点击图片上传区域　　图 8-24 选择"相册选择"选项

STEP 04 进入"选择图片"界面,选择需要上传的图片素材,如图8-25所示。
STEP 05 执行操作后,进入相应界面,其中显示了需要上传的图片,点击"生成开花图片"按钮,如图8-26所示。
STEP 06 稍等片刻,即可生成开花的图片效果,在界面下方点击"确认使用"按钮,如图8-27所示。

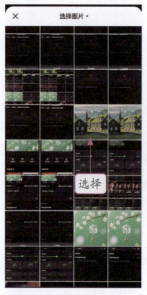  

图8-25 选择图片素材　　图8-26 点击"生成开花图片"按钮　　图8-27 点击"确认使用"按钮

STEP 07 返回"创意特效"界面,其中显示了AI生成的开花图片和创意描述,点击"立即生成"按钮,如图8-28所示。
STEP 08 稍等片刻,即可生成创意特效视频,如图8-29所示。

图8-28 点击"立即生成"按钮　　图8-29 生成创意特效视频

8.2.4 AI 对口型：精准匹配语音动画

在可灵 AI 网页版中，为用户提供了"对口型"功能，可以让视频中的人物按照输入的文字内容说话。用户只需要上传带有人物正脸的视频，即可让视频中的人物开口"说话"，效果如图 8-30 所示。

扫码看教学

图 8-30　效果展示

下面介绍在可灵 AI 网页版中生成 AI 对口型视频的操作方法。

STEP 01 进入可灵 AI 平台的"首页"页面，在左侧的导航栏中，单击"登录"按钮，如图 8-31 所示。通过手机短信验证码登录账号。

图 8-31　单击"登录"按钮

STEP 02 在左侧的导航栏中，❶单击"全部工具"按钮，进入"全部工具"页面；❷选择"对口型"工具，如图 8-32 所示。

STEP 03 进入"对口型"页面，单击"点击 / 拖拽 / 粘贴"按钮，如图 8-33 所示。

STEP 04 弹出"打开"对话框，❶选择需要上传的视频素材；❷单击"打开"按钮，如图 8-34 所示。

图 8-32 选择"对口型"工具

图 8-33 单击"点击/拖拽/粘贴"按钮

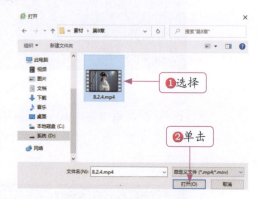

图 8-34 单击"打开"按钮

STEP 05 执行操作后,即可上传所选视频,在"配音音频"下方,单击"文本朗读/上传本地配音"右侧的按钮 ,如图 8-35 所示。

STEP 06 弹出"配音音频"面板,在"文本朗读"选项卡的文本框中,输入配音文案,如图 8-36 所示。

图 8-35 单击"文本朗读/上传本地配音"右侧的按钮

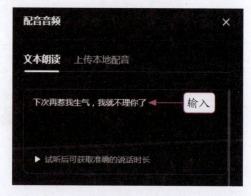

图 8-36 输入配音文案

▶ 专家指点

在文本框中,单击 ▶ 按钮,可以试听文案内容,获取准确的说话时长,以免与上传的视频时长不匹配。

STEP 07 在"音色"下方选择一个合适的配音音色,例如选择"温柔小妹"音色,如图 8-37 所示。

STEP 08 执行上述操作后,单击"立即生成"按钮,如图 8-38 所示。

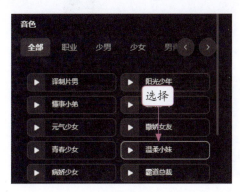

图 8-37 选择"温柔小妹"音色

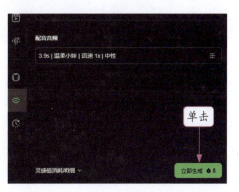

图 8-38 单击"立即生成"按钮

STEP 09 稍等片刻,即可生成对口型视频,单击视频右下角的"下载"按钮⬇,如图 8-39 所示,即可下载视频。

图 8-39 单击"下载"按钮

8.3 即梦 AI:一站式快速成片

在追求高效与创意并存的视频制作过程中,即梦 AI 提供了从文案到视频成片的完整闭环能力。用户无须剪辑基础,仅通过文字、图片或参考风格,即可生成画面统一、节奏清晰的视频内容,真正实现"想法一键变成作品"。本节将重点介绍即梦 AI 的一站式快速成片操作方法,主要包括文生视频、图生视频和 AI 数字人等,展示如何高效生成视频。

8.3.1 文生视频:将小动物拟人化

"小动物+情绪叙事"是当下短视频中极具吸引力的表达方式。通过即梦 AI 文生视频的技术,用户可以轻松将"猫咪早九晚五打工""柯基独自旅行"等创意文本生成完整视频,使小动物"活得像人",同时触发观众的情感共鸣和分享欲,效果如图 8-40 所示。

扫码看教学

图 8-40　效果展示

下面介绍在即梦 AI 手机版中进行文生视频的操作方法。

STEP 01 进入即梦 AI 手机版的"想象"界面，点击 按钮，如图 8-41 所示。

STEP 02 在弹出的面板中，选择"视频生成"选项，如图 8-42 所示。

STEP 03 弹出信息设置面板，❶点击输入框下方的 按钮；❷在弹出的面板中设置"选择比例"为 16∶9；❸点击 按钮，如图 8-43 所示。

图 8-41　点击 按钮　　图 8-42　选择"视频生成"选项　　图 8-43　点击 按钮

STEP 04 进入 DeepSeek-R1 界面，输入视频创意提示词，DeepSeek 即可对创意提示词进行润色，点击"生视频"按钮，如图 8-44 所示。

STEP 05 返回设置面板，点击"生成"按钮，如图 8-45 所示。

STEP 06 稍等片刻，即可生成一个小动物拟人视频。点击生成的视频，进入预览界面，点击界面下方的 按钮，如图 8-46 所示，即可下载视频。

第 8 章 ▶ 视频生成，人人都是创意导演

图 8-44 点击"生视频"按钮

图 8-45 点击"生成"按钮

图 8-46 点击 ⬇ 按钮

8.3.2 图生视频：让静图"动"起来

静态图片往往美而止步，容易被快速滑过。然而，借助即梦 AI 图生视频的技术，一张普通照片也能拥有电影质感：人物眨眼微笑、发丝随风摆动、光影缓缓移动——这不是传统意义上的 GIF（动图）或视频剪辑，而是真正的 AI 动态增强，让每一帧图像"动"得自然又吸睛，效果如图 8-47 所示。

扫码看教学

图 8-47 效果展示

下面介绍在即梦 AI 手机版中进行图生视频的操作方法。

STEP 01 进入即梦 AI 手机版的"想象"界面，在"视频生成"模式下，点击输入框右侧的 ➕ 按钮，如图 8-48 所示。

STEP 02 进入相应界面，在"系统相册"选项卡中，选择一张需要上传的静态图片，如图 8-49 所示。

STEP 03 执行操作后，弹出信息设置面板，其中显示了上传的静态图片，在输入框中输入提示词，如图 8-50 所示，对要生成的视频内容进行描述。

图 8-48　点击 ＋ 按钮

图 8-49　选择静态图片

图 8-50　输入提示词

STEP 04 点击"生成"按钮，稍等片刻，即可生成一个视频，如图 8-51 所示。

STEP 05 点击生成的视频，进入预览界面，点击界面下方的 ↓ 按钮，如图 8-52 所示，即可下载视频。

图 8-51　生成一个视频

图 8-52　点击 ↓ 按钮

8.3.3　AI 数字人：生成虚拟人物视频

即梦 AI 手机版的"数字人"功能可以将图片或视频作为素材，并为素材匹配对应的语音内容，从而生成一条音画同步的虚拟人物视频，效果如图 8-53 所示。

扫码看教学

图 8-53 效果展示

下面介绍在即梦 AI 手机版中生成 AI 数字人的操作方法。

STEP 01 进入即梦 AI 手机版的"想象"界面,点击 按钮,在弹出的面板中,选择"数字人"选项,如图 8-54 所示。

STEP 02 进入"数字人"界面,点击"上传照片或者视频"下方的 按钮,如图 8-55 所示。

STEP 03 进入相应界面,在"系统相册"选项卡中,选择一张需要上传的人物图片,如图 8-56 所示。

图 8-54 选择"数字人"选项　　图 8-55 点击 按钮　　图 8-56 选择人物图片

> ▶ **专家指点**
>
> 　　除了图片,用户还可以上传人物视频来创作 AI 数字人,在"选择生成模式"下方还可以选择"大师"或"快速"生成模式生成视频,使数字人的口型和动作更加流畅。

STEP 04 返回"数字人"界面,其中显示了上传的人物图片,在"输入说话内容"下的输入框中输入数字人要说的话,如图 8-57 所示。

STEP 05 在"选择音色"下方,选择一个适配的音色,例如选择"阳光青年"音色,如图 8-58 所示。

STEP 06 点击"立即生成"按钮,稍等片刻,即可生成一个数字人视频,如图 8-59 所示。点击生成的视频,进入预览界面,点击界面下方的 ↓ 按钮,即可下载视频。

图 8-57　输入数字人要说的话　　图 8-58　选择"阳光青年"音色　　图 8-59　生成一个数字人视频

8.3.4　借用灵感:生成同款创意视频

即梦 AI 的"灵感"界面中,有很多用户发布的作品,当创作者的灵感断层时,可以在此界面中借用其他用户的创作灵感,生成同款创意视频,效果如图 8-60 所示。

扫码看教学

图 8-60　效果展示

下面介绍在即梦 AI 手机版中借用灵感生成视频的操作方法。

STEP 01 进入即梦 AI 手机版的"灵感"界面,选择一个喜欢的视频作品,如图 8-61 所示。

STEP 02 进入预览界面,点击"做同款"按钮,如图 8-62 所示。

STEP 03 弹出设置面板,在输入框中输入视频描述提示词,如图 8-63 所示。

图 8-61　选择一个喜欢的视频作品　　图 8-62　点击"做同款"按钮　　图 8-63　输入提示词

STEP 04 点击"生成"按钮，稍等片刻，即可生成同款创意视频，如图 8-64 所示。

STEP 05 点击生成的视频，进入预览界面，点击界面下方的 ⬇ 按钮，如图 8-65 所示，即可下载视频。

图 8-64　生成一个视频　　图 8-65　点击 ⬇ 按钮

8.4　本章小结

本章主要介绍了 AI 视频生成的操作方法。首先介绍了 AI 视频提示词的构建和应用；然后介绍了使用可灵 AI 零基础生成视频的操作方法，包括文生视频、图生视频、创意特效以及 AI 对口型等；最后介绍了即梦 AI 一站式快速成片的操作方法，包括文生视频、图生视频、AI 数字人以及借用灵感生成创意视频等方法。

通过学习本章的技巧和操作方法，读者可以掌握如何构建 AI 视频提示词以及如何使用可灵 AI 和即梦 AI 将想法变成视频。

8.5 课后实训

鉴于本章内容的重要性，为了帮助读者更好地掌握所学技能，本节将通过课后实训，帮助读者进行简单的知识回顾和补充。

实训任务：使用即梦 AI 进行图生视频，生成一个古风美女视频，效果如图 8-66 所示。

扫码看教学

图 8-66 效果展示

下面介绍相关的操作步骤。

STEP 01 进入即梦 AI 手机版的"想象"界面，在已经生成的图片中，选择一张喜欢的古风美女图片，如图 8-67 所示。

STEP 02 进入预览界面，在右侧点击"生成视频"按钮，如图 8-68 所示。

STEP 03 弹出设置面板，❶在输入框中输入提示词，描述视频内容；❷点击"生成"按钮，如图 8-69 所示。稍等片刻，即可生成一个古风美女视频。

图 8-67 选择一张图片　　图 8-68 点击"生成视频"按钮　　图 8-69 点击"生成"按钮